JN301078

改訂版
土の微生物学

服部　勉・宮下清貴・齋藤明広
共　著

養賢堂

改訂版　序文

　本書は1966年に出版された「土と微生物」（土壌微生物研究会編，岩波書店）の視点を引き続き発展させる立場を維持しております．初版（1996年）以来12年，生命科学とその研究手法は急速なテンポで進歩しており，土壌微生物の分野でも，新事実の発見，新しい研究手法の導入が続いております．改訂版では，執筆者に若手新人を迎え，それぞれの分野での研究の進歩を取り入れると同時に，章立てやタイトルで若干の変更，整理を行い，内容の抜本的見直し，刷新を試みました．1章と2章のタイトルを変え，1章では分子系統学の成果をとりいれた微生物界の紹介に徹し，2章では微生物の生理について概観しました．3章では，ミクロ団粒の問題を新たに取り上げ，すみ場所論の強化をはかりました．4章と5章は入れ替え，内容の刷新，充実をはかりました．6章，7章のタイトルは変えず，内容の改定，充実に主眼をおきました．旧版の8章「遺伝子からみた土の微生物」は，分子生物学の衝撃が大きかった1990年代の状況に対応する過渡的なものでした．分子生物学的視点，手法が，土壌微生物学の古典的視点，手法と日常的に混在するようになった今日，特別扱いの8章は置かず，主要な内容は各章の関連部分の叙述に取り込むことが適当と考えました．将来，新旧の研究の流れがどのような発展の道をたどるか，その結果いかんによっては本書の章の立て方にも新しい要請が生まれると考えます．今回も引用文献をあげませんでしたが，本文にある著者名，発表年，または用語を用いた文献検索で，引用文献や参考となる最新の情報が得られるかと存じます．また今回あらたにコラム欄をもうけ，基礎的内容の補足，最近の研究話題の紹介を行いました．

　地球環境の重要な担い手である土壌微生物について学ぼうとされる方々に，本書がお役にたつことを願います．

　最後に，図58を提供いただいた掛川　武氏に心からの謝意を表します．

2008年4月

著者一同

序　文

　地球は土のある惑星と呼ばれる．地球にすむ生物の圧倒的多くは，土によって育まれるが，こうした生物を育む土の力は，なんといっても，そこにすむ微生物の働きに負うところが，非常に大きい．また，現在大きな危惧を生み出している地球環境の変化にも，土の微生物たちはいろいろと深くかかわっている．

　土の微生物たちはまた，私たち人間の生活とも密接な関係をもつ．毎日食べるコメ，ムギ，野菜，果物は，いずれも土の微生物の働きにささえられて生産される．ときには土にすむ病原菌により生産が減少したり，生産物が腐敗したりする．飲料水の供給源となる地下水も，微生物により浄化されるが，条件によっては変質される可能性がある．また建物や作業機器，水道，ガスの配管など，社会生活に重要ないろいろな資材が，微生物によって劣化し，大きな損失を与えている．さらに先人たちの遺した貴重な文化財にも，微生物による劣化が及んでいる．

　一方，今世紀後半のめざましい発見を見せている分子生物学は，土の微生物研究にも新しい視点，可能性をもたらしている．それとともに，微生物の遺伝子の一部を人工的に改変する技術をつかって，都合のよい働きをする微生物を大量につくり，土に持ち込むプランが世界各地で生まれている．土に加えられた微生物とその遺伝子が，他の微生物，植物，動物にどんな影響を及ぼすか，という新しい問題の解明が急がれている．また最近広範に見られる薬剤耐性菌の出現は，病院はもちろん，医療全体にとって深刻な問題となっており，耐性遺伝子が土の微生物たちの間でどのように移動・伝播しているのか，その実態の研究も緊要な課題である．

　ところで微生物は，余りにも小さく，肉眼で直接見れないため，動物や植物の場合とは違って，その生態の観察は困難である．顕微鏡によりごく小部分の微生物を観察することで，精一杯というのが実情である．そのため土の微生物についての情報には，しばしば，いろいろな混乱，あいまいさが，つ

きまとっている．

　微生物には，大小，実にいろいろなものがいる．それぞれの種類の微生物には，それぞれの研究法が必要であり，研究状況も異なっている．その生態についても，細菌と糸状菌について，ごく初歩的なことが，やっとわかってきたという段階である．

　本書では，未知に富んだ土の微生物世界を，これから探求しようとする人々に，見え隠れする微生物たちの姿を整理するとともに，その多彩な働きについて粗いスケッチを提供したいと考えた．未知なことが多いとはいえ，叙述はできうる限り論理的で，全体をすじの通ったものにするよう努力した．すべての科学がそうであるように，事実に忠実であることと論理的であること，この二つの側面を執拗に追求することは，土の微生物理解にとっても欠かせないと考えるからである．

　土の微生物たちを探求しようとする方々に，本書がいくらかでもお役にたてればと願う次第である．また，本書に残されているであろう誤り，矛盾，見落としなどについてお教えいただければ幸いである．

1996年4月
著者ら

目　次

1. 土の微生物

1.1 微小な細胞の生き物 …………………………………………… 1
1.2 土の微生物と系統分類 ………………………………………… 1
1.3 細菌 ………………………………………………………………… 3
　1.3.1 プロテオバクテリア ………………………………………… 4
　1.3.2 グラム陽性菌 ………………………………………………… 5
　1.3.3 シアノバクテリア …………………………………………… 6
　1.3.4 環境DNAの解析による土壌優占細菌 ……………………… 6
1.4 アーキー …………………………………………………………… 8
　1.4.1 クレンアーキオータ ………………………………………… 8
　1.4.2 ユリアーキオータ …………………………………………… 8
　1.4.3 コルアーキオータ …………………………………………… 8
1.5 真核微生物 ………………………………………………………… 9
　1.5.1 菌類, 真菌類 ………………………………………………… 9
　1.5.2 粘菌類 ………………………………………………………… 10
　1.5.3 原生動物 ……………………………………………………… 11
　1.5.4 藻類 …………………………………………………………… 12
1.6 ウイルス, ファージ ……………………………………………… 13

2. 微生物の増殖と飢餓または耐久

2.1 微生物の栄養 ……………………………………………………… 15
　2.1.1 炭素源, 窒素源 ……………………………………………… 15
　2.1.2 エネルギー源 ………………………………………………… 16
　2.1.3 生物間相互関係と微生物の栄養 …………………………… 16
2.2 微生物の増殖 ……………………………………………………… 18
　2.2.1 微生物の分裂, 伸長 ………………………………………… 18
　2.2.2 培養と微生物の増殖 ………………………………………… 19

2.2.3　増殖の環境条件……………………………………………………24
　　2.2.4　選択的培地と集積培養…………………………………………27
　　2.2.5　培養困難な土の微生物…………………………………………28
2.3　微生物の飢餓または耐久………………………………………………30
　　2.3.1　微生物の飢餓細胞…………………………………………………31
　　2.3.2　微生物の耐久体……………………………………………………31
　　2.3.3　鉱物化細菌…………………………………………………………32

3．土のすみ場所と微生物群集

3.1　すみ場所……………………………………………………………………34
　　3.1.1　土の骨格を構成する物質…………………………………………34
　　3.1.2　固体表面とミクロな環境…………………………………………34
　　3.1.3　孔隙の径および内部の溶液，気体………………………………36
　　3.1.4　土の団粒モデル……………………………………………………39
　　3.1.5　微生物の動態と団粒モデル………………………………………41
　　3.1.6　洗浄・音波法による微生物細胞の分画…………………………42
　　3.1.7　ミクロ団粒内の細菌の形態………………………………………43
3.2　土の微生物群集……………………………………………………………44
　　3.2.1　細菌，糸状菌，原生動物，藻類…………………………………45
　　3.2.2　発酵型微生物，固有型微生物，低栄養微生物…………………47
　　3.2.3　細菌群集とコロニー形成曲線……………………………………47
　　3.2.4　森林，草地，畑，水田の微生物群集……………………………48
　　3.2.5　気候帯，土地高度による微生物群集構造の違い………………49

4．植物と土の微生物

4.1　微生物－植物の活発な相互作用の場，根圏…………………………51
　　4.1.1　根から土壌に分泌される有機物…………………………………51
　　4.1.2　根圏に生息する微生物……………………………………………53
　　4.1.3　根圏の植物日和見感染菌…………………………………………53
　　4.1.4　根圏における植物と微生物，原生動物の相互関係……………53
4.2　葉面微生物…………………………………………………………………54

4.2.1　葉面細菌と色素生産……………………………………………55
　　4.2.2　葉面の窒素固定菌………………………………………………55
　　4.2.3　葉面細菌の生態…………………………………………………55
　4.3　植物と窒素固定菌の共生……………………………………………55
　　4.3.1　マメ科根粒菌……………………………………………………56
　　4.3.2　*Frankia* 属放線菌………………………………………………58
　　4.3.3　地衣類……………………………………………………………58
　4.4　菌根菌…………………………………………………………………59
　　4.4.1　アーバスキュラー菌根…………………………………………59
　　4.4.2　外生菌根…………………………………………………………61
　　4.4.3　エリコイド菌根…………………………………………………62
　　4.4.4　ラン型菌根………………………………………………………62
　4.5　エンドファイト………………………………………………………63
　4.6　*Agrobacterium* による根頭癌腫……………………………………63
　　4.6.1　根頭癌腫の形成過程……………………………………………63
　　4.6.2　*Agrobacterium* を用いた植物への遺伝子導入………………65
　4.7　病原微生物……………………………………………………………66
　　4.7.1　土壌病害…………………………………………………………66
　　4.7.2　土壌病害を引き起こす微生物…………………………………66

5．土の物質変化と微生物

　5.1　炭素サイクルと微生物………………………………………………68
　　5.1.1　二酸化炭素から有機炭素の合成………………………………69
　　5.1.2　高分子有機物の分解……………………………………………70
　　5.1.3　メタンの生成と消費……………………………………………76
　5.2　窒素サイクルと微生物………………………………………………81
　　5.2.1　窒素固定…………………………………………………………82
　　5.2.2　硝化………………………………………………………………83
　　5.2.3　硝酸還元，脱窒…………………………………………………83
　　5.2.4　アナモックス反応………………………………………………85

5.2.5 有機化（不動化） ………………………………………………… 85
　　5.2.6 アンモニア化成 …………………………………………………… 87
　5.3 硫黄サイクルと微生物 …………………………………………………… 87
　　5.3.1 硫黄酸化 …………………………………………………………… 87
　　5.3.2 硫酸還元 …………………………………………………………… 88
　　5.3.3 揮発性有機硫黄化合物 …………………………………………… 89
　5.4 鉄，マンガンの酸化，還元と微生物 ………………………………… 90
　5.5 土壌中のリンと微生物 …………………………………………………… 91
　5.6 難分解性有機化合物の分解とバイオレメディエーション ………… 92
　　5.6.1 油 …………………………………………………………………… 92
　　5.6.2 有機ハロゲン化合物 ……………………………………………… 93
　　5.6.3 重金属汚染とバイオレメディエーション ……………………… 93

6. 人間の生活と土の微生物

　6.1 衛生環境としての土の微生物 ………………………………………… 95
　　6.1.1 腸内細菌などの汚染と土の浄化能 ……………………………… 95
　　6.1.2 土に生存または生残する病原細菌，食中毒細菌 ……………… 96
　　6.1.3 土に生存する病原性の糸状菌，原生動物 ……………………… 97
　　6.1.4 増大する土の薬剤耐性菌 ………………………………………… 97
　6.2 地下水と微生物 …………………………………………………………… 98
　　6.2.1 土の表層から下層への微生物の移動 …………………………… 98
　　6.2.2 地下水中の微生物 ………………………………………………… 99
　6.3 耐久材の微生物劣化 …………………………………………………… 100
　　6.3.1 土中の金属腐食 …………………………………………………… 100
　　6.3.2 コンクリートの劣化 ……………………………………………… 103
　　6.3.3 木材，プラスチック ……………………………………………… 103
　6.4 野外文化財の微生物劣化 ……………………………………………… 104
　　6.4.1 地表文化財と微生物 ……………………………………………… 104
　　6.4.2 地中埋蔵文化財の微生物による劣化，腐朽 …………………… 104

7. 地球環境からみた土の微生物

7.1 大気の温室効果ガスと土の微生物の働き ……………………………… 106
  7.1.1 土の微生物による二酸化炭素とメタンの生産と消費 …………… 106
  7.1.2 微生物による窒素含有ガスの吸収と放出 ………………………… 109
7.2 酸性雨と土の微生物 ……………………………………………………… 110
  7.2.1 土の緩衝作用と酸性雨 ……………………………………………… 111
  7.2.2 酸性雨に対する微生物群集の反応 ………………………………… 111
7.3 高濃度の窒素，リン肥料による土の微生物活動への影響
    と環境汚染 ……………………………………………………………… 113
  7.3.1 土壌病害の多発 ……………………………………………………… 113
  7.3.2 植物根－菌根菌共生系の抑制 ……………………………………… 114
  7.3.3 生物的窒素固定の抑制 ……………………………………………… 114
  7.3.4 土のメタン酸化活性の抑制と促進 ………………………………… 114
  7.3.5 硝酸態窒素による地下水・河川水の汚染 ………………………… 114
7.4 森林伐採・開墾や森林火災が土の微生物群集へ及ぼす影響 ………… 115
  7.4.1 糸状菌 ………………………………………………………………… 115
  7.4.2 細菌 …………………………………………………………………… 115
  7.4.3 窒素サイクルへの影響 ……………………………………………… 116
  7.4.4 開墾畑における森林由来の植物病原菌 …………………………… 117
7.5 地球史の中の土の微生物 ………………………………………………… 117
  7.5.1 大陸地殻の形成と変遷 ……………………………………………… 117
  7.5.2 微生物の進化と大地 ………………………………………………… 119
  7.5.3 生態系の進化と土の微生物 ………………………………………… 120
  7.5.4 人間の活動と土の微生物 …………………………………………… 121

索引 ……………………………………………………………………………… 123

1. 土の微生物

　土は微生物の宝庫といわれてきたが，そうした想像を遙かにこえた多くの種類の微生物が生息している．まず，こうした土の微生物の概略について見ることにする．

1.1　微小な細胞の生き物

　微生物（microorganisms）は，およそ0.1 mmよりも小さく，顕微鏡ではじめて観察できる大きさであること[1]，また単一の細胞または細胞の集りとして生存していること，この2つを特徴とする生物の総称である．サイズが小さいと，表面積／容積の比が大きくなり，大きな細胞に比べてより効率よく栄養分の摂取ができるようになる．その結果，より早い生育と，大きな細胞個体群の形成が可能になり，土のような競争の激しい環境中で生存していく上で有利と考えられる．

　動物や植物では，個々の細胞は**多細胞生物**（multicelluar organisms）の一部であるのに対し，微生物では個々の細胞が単独で存在し，増殖，エネルギー生産等の生命活動を行っている（**単細胞生物**：unicellular organisms）．

1.2　土の微生物と系統分類

　微生物は高等生物に比べると，遺伝的多様性がきわめて大きい一方で形態の違いが乏しいことから，微生物の分類においては分子生物学的手法による系統分類が大きな力を発揮する．

　生物の進化の歴史を研究する科学分野が，**系統学**または**系統発生学**（phylogeny）である．系統学では，2つの生物の間の進化上の距離は，相同な分子の塩基あるいはアミノ酸の配列の違いで測定する．なかでもリボソーム

---

1) 微生物の種類をサイズによって分けることは厳密な意味は持たず，たとえば細菌には直径が0.1〜0.2 μmの小さなものから50 μm以上の大きなものまで，様々な大きさのものが存在する．

(2) 1. 土の微生物

RNA（rRNA）は，全ての生物に存在して同じ機能を果たしており，系統的に離れた生物間でも適度に配列が保存されている部分があるなど，生物間の進化の距離を図る分子時計として優れている．**16S rRNA**（真核生物では18S rRNA）の配列の比較から，生物進化における各生物間の関係を表した系統樹が作られる．

全ての生物の進化の歴史を念頭にした系統樹（universal phylogenetic tree）が示すように，生物は**細菌**（Bacteria），**アーキー**（Archaea），それに**真核生物**（Eukaryote）の，3つの主要な系統で進化したと考えられる[2]（図1）．細菌とアーキーではともに，染色体DNAは膜に包まれた細胞核ではなく核様体として存在しており，葉緑体，ミトコンドリア等の細胞内器官（**オルガネラ：organelle**）も持たない**原核生物**（Prokaryote）である．細菌とアーキーは形態的にも類似点が多いが，細胞膜等の細胞構築では異なっており，進化のかなり早い時期に分岐し，系統的に遠く離れた生物であると考えられる．一方，真核生物には，動物，植物等の高等生物とともに，藻類，原生動物，糸状菌，粘菌等の真核微生物が含まれる．

地球上に現存する生物の中で，微生物はきわだって多様である．また生命の歴史においては，微生物のみが活躍した時期が圧倒的に長い．また，地球

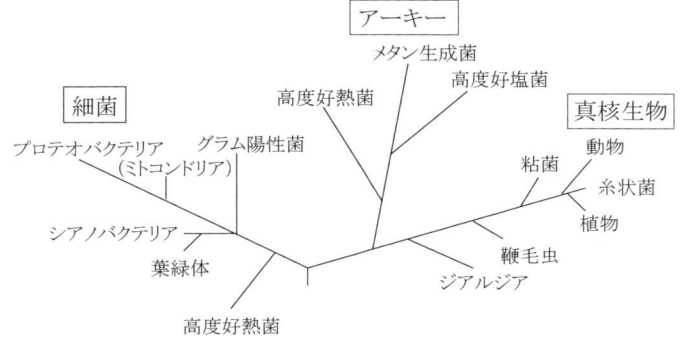

図1 全ての生物の進化の歴史を表した系統樹[2]（ユニバーサル・ツリー）

---

[2] 形態の共通性から，Bacteriaを真性細菌，Archaeaを古細菌と訳すこともあるが，両者は系統的に大きく異なることから，ここでは細菌，アーキーと呼ぶ．

に存在する諸物質の変化，諸元素の化学的サイクルにおいて，微生物の機能や役割は動植物よりもはるかに多様で，かつきわめて大きい．

1.3 細　菌

　知られている細菌の多くは0.5～2 μm くらいの大きさであるが，土壌中には0.4 μm 以下の，あまりよく研究されていない小さな細菌が多数存在する．形態的には丸い球菌，細長い桿菌をはじめ，らせん状や糸状，棍棒状など，様々な形態のものがある（図2）．土壌中の細菌は，未だに分離・培養されていないものが大多数を占めている（uncultured majority）．こうした培養されていない細菌についても，土から直接DNAを抽出して解析することで，その姿が徐々に明らかになっている[3]．

　細菌はもっとも多様性に富む生物群であり，16S rDNAの配列から，今までに分離・培養された細菌は20以上の**系統**（lineage），あるいは**門**（phyla）に分けられる[4]．一方，環境DNAの解析からは，分離されている細菌では知られていない，多くの系統の存在が示唆されている．

　土壌に存在する多様な細菌の中から，主要な系統について次に説明する．

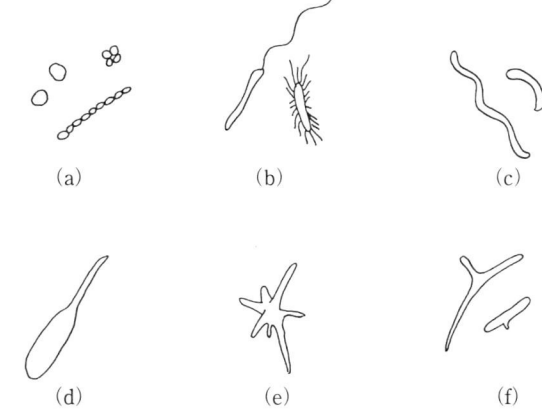

図2　細菌のいろいろな形
(a) cocci, (b) rods, (c) curved rods, helicals, (d) stalked cells, (e) prosthecate bacteria, (f) irregular rods

---

[3) 土壌や底泥，海洋等の環境から直接抽出したDNAを，**環境DNA**（environmental DNA, e-DNA）という．
[4) 細菌の分類では，全体を括るドメインの下にくる分類単位を門（phylum, 複数形は phyla）という．

1.3.1 プロテオバクテリア (*Proteobacteria*)

プロテオバクテリア（*Proteobacteria*）はグラム陰性菌（Gram-negative bacteria）であり，細菌の中で最大のグループ（門）である．代謝的には，光エネルギーを利用する光合成菌（photorophs），有機物を必要としない化学合成無機独立栄養菌（chemolithotrophs），それに有機物を必要とする従属栄養菌（chemoorganotrophs）などと多様である．系統的にはさらに，α，β，γ，δ，εの5つのクラスター（亜門（subphyla）ともいう）に分かれる．プロテオバクテリアは，土壌細菌として重要なものの他，腸内細菌など既知のグラム陰性菌のほとんどを含み，地球上で最も繁栄している細菌のグループといわれている．土壌中の物質循環に重要な役割を担っている，硝化菌（nitrifying bacteria）[5]，水素（酸化）菌（hydrogen-oxidizing bacteria），メタン酸化菌（メタノトローフ，methanotrophs），硫黄酸化菌（sulfur-oxidizing bacteria）と鉄酸化菌（iron-oxidizing bacteria），紅色光合成菌（purple phototrophic bacteria）などの菌群は，従来の知見ではほとんどがプロテオバクテリアであった．しかし，最近アーキーでもこうした化学変化を担うものがいろいろと見出され，その菌密度も意外に高いケースが報告されるようになっている．

Pseudomonas, *Burkholderia*, *Commamonas*, *Ralstonia* からなる，グラム陰性の従属栄養菌のグループは，シュードモナス菌（pseudomonads）と総称されており，土壌中に広く生息している．多種類の化合物を炭素源，エネルギー源として利用することができるのがこのグループの特徴である．また，植物病原菌も多い．*Pseudomonas*属は多様な属で，系統関係と生理的性質から分類された種は，α，β，γ-subdivisionにまたがっている．

---

[5] 硝化菌はそのほとんどが*Proteobacteria*とされてきたが，アーキーにも硝化菌がいる．さらに，環境DNAを用いた分子生物学的解析から，土壌中で硝化作用を行っている主要な硝化細菌はアーキーであることが判明している（S. Leininger, 2006）．また，海洋ではアーキーのメタン酸化菌も見つかっている．

1.3.2 グラム陽性菌

グラム陽性菌（Gram-positive bacteria）は，土壌をすみかとしている土壌細菌である．系統的には，GC含量の高いグループと低いグループの2つの門に分けられる．食品産業上有用な乳酸菌も，グラム陽性菌である．

1) *Firmicutes*（低 GC 含量（low GC）グループ）

このグループの代表は *Clostridium*（絶対嫌気性）と *Bacillus*（絶対好気性または通性好気性）で，いずれも古くから知られている，人間生活となじみの深い細菌である．ともに内生胞子を形成する．系統的に多様な細菌が含まれ，破傷風菌（*C. tettani*）のように人間に対する強い病原性を有する菌もいるが，これらも環境中では腐生性の土壌細菌である．殺昆虫タンパク質を生産する *Bacillus thuringiensis* は微生物農薬としてだけでなく，その遺伝子は植物に導入されて害虫耐性の組換え作物が作出されるなど，農業上利用されている．

2) アクチノバクテリア（*Actinobacteria*）（高 GC 含量（high GC）グループ）

3つのサブクラス（亜門）よりなるが，今まで研究が進み記載されてきた属はほとんどが *Actinobacteridae* である．**コリネ型細菌**は桿菌で，スナッピングと呼ばれる特異な分裂により棍棒状，V字型等，不規則な形をしている．*Corynebacterium* 属は，動物や植物の病原菌から腐生性の細菌まで，多様なグループからなる．*Arthrobacter* 属は，土から高頻度に分離される細菌グループで，乾燥や低栄養条件に対して極めて強い抵抗性を示す．栄養的にも多様で，農薬やフェノール等の分解菌としても知られている．**放線菌**（actinomycetes）は枝分かれする菌糸を形成する，グラム陽性菌の大きなグループであり，土に生息する代表的な土壌細菌である．その多くが**分生胞子**（conidia）と呼ばれる胞子を作る．菌糸や胞子鎖の形態に特徴のあるものが多い．*Streptomyces* 属はその代表で，500以上の種からなり，土から最も高頻度に分離されるグループである．細菌であるが，空中に気菌糸を伸ばして様々な形態の胞子鎖を形成すること（図3）から，形態的には糸状菌に類似している．栄養的には多様で，多くが菌体外に加水分解酵素を生産し，多糖類やタンパク質，脂質等を分解して栄養として利用する．炭化水素やリグニ

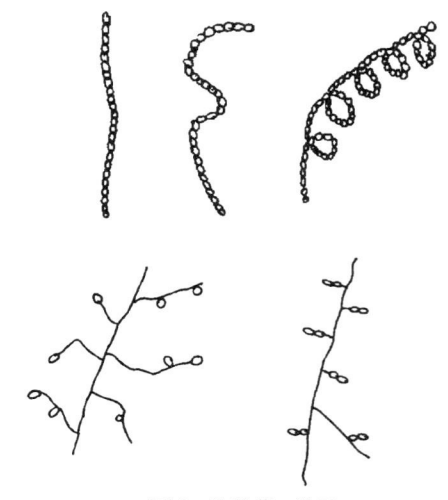

図3　放線菌の胞子
（上）*Streptomyces* の胞子（conidia，分生胞子）．（下）菌糸上に1〜数個の胞子を形成する放線菌．

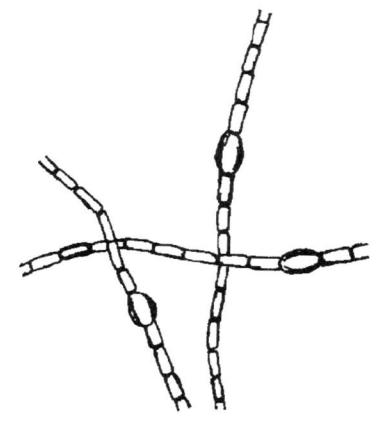

図4　ヘテロシスト（異形細胞）をつくる糸状性のシアノバクテリア

ン，タンニン等の難分解性の有機物を分解する菌もあり，利用できる炭素源の種類は多い．種々の二次代謝産物を生産し，抗生物質生産菌として医薬上重要である．このことが，抗生物質生産菌の分離源として土が注目されてきた理由である．

1.3.3　シアノバクテリア

シアノバクテリア（*Cyanobacteria*）はラン藻とも呼ばれる．他の光合成菌とは異なり，酸素発生型の光合成を行う．地球上に最初に出現した酸素発生型光合成生物と考えられ，現在の大気の形成に大きな役割を果たしてきた．**ヘテロシスト**（heterocyst）と呼ばれる特殊な細胞を作り（図4），窒素固定を行うものもいる．単細胞，糸状等，形態は多様である．海，湖沼，水田土壌に多く存在している．

1.3.4　環境DNAの解析による土壌優占細菌

土から抽出したDNAよりPCRで16S rRNA遺伝子を増幅し，塩基配列を決定することで，土の主

要な細菌の構成を知ることができる．世界各地の土壌を対象に，16S rRNA遺伝子のライブラリーを構築し，解析が進む中で，土に優占している細菌群（門）が明らかになってきている．なかでも *Proteobacteria*, *Acidobacteria*, *Actinobacteria*, *Verrucomicrobia* は多くの土壌から高頻度で検出される．その他，*Bacteroides*, *Chloroflexi*, *Planctomyces*, *Gemmatimonadetes*, *Firmicutes* を加えた9門で，構築したライブラリーの90％以上の配列を占める[6]．

Proteobacteria や *Actinobacteria* は，今までに多数の菌株が分離され，多くの属が記載されているが，環境DNAの解析では既知の配列と一致するものは少なく，これらの門の細菌の中にも未だに分離・培養されていないものが多数を占めることを示している．

Acidobacterium や *Verrucomicrobia* に属する配列も高頻度で検出されるが，これらの門の細菌に関しては，今までに分離・培養され，記載されている菌株はごくわずかである．

16S rRNA遺伝子ライブラリーによる解析は，土に優占している細菌群の種類を次第に明らかにしているが，それらの菌群の生理的性質，生態機能等は，不明である．これらの菌の役割を明らかにするためには，それぞれのグループに属する菌を分離・培養することが最も有効であり，そのための努力

コラム1　メタゲノム解析

環境DNAよりPCRで特定の配列を増幅し，解析する方法は，培養に依存しないとはいえ，プライマーの設計のためにすでに情報のある配列・遺伝子しか対象にできない．また，PCRによる増幅過程でのバイアスも避けられない．こうした点を克服するために，環境DNAをショットガンクローニングし，網羅的に塩基配列を解読して解析する，メタゲノム解析が盛んになってきている．メタゲノム解析は，塩基配列解読技術の飛躍的発展とそれに伴うコストの急速な低下，膨大な情報を解析するコンピューター技術の進歩に支えられている．

---

[6] 今までに分離・培養された細菌は，26の門に分類されているが，それらの門には属さない新たな配列も環境試料から多数見つかっている．それらは分類上新たな門となるべき候補と言う意味で candidate phyla などと呼ばれるが，これらの中には報告例が限られているものもあり，更なる情報が待たれる．

(8)　1. 土の微生物

が必要である．

1.4　アーキー（Archaea）

　アーキーは，初期の研究ではほとんどが高温，高塩濃度，強酸性など，極限環境から見つけられてきた．しかし，その後，メタン生成などを営むアーキーが，通常の環境にも見出されている．土壌中でのアーキーの分布の実態は今後次第に明らかになっていくと考えられる．アーキーは，以下の3つの門に分けられる．

1.4.1　クレンアーキオータ（*Crenarchaeota*）

　超高温，強酸性，高塩類など，極限的な環境に生育している．多くは生育至適温度が70～105℃という超好熱性で，70℃以下では生育できない菌が多い．また，中には113℃という高温で生育する菌がいる．今までに，環境DNAから多くの*Crenarchaeota*の配列が見つかっている．*Crenarchaeota*はユニバーサル・ツリーの根本近くで分岐しており，古くから独自の進化を遂げてきたと考えられる．栄養的には従属栄養から化学合成無機独立栄養まで，多様である．*Crenarchaeota*は高温等の特殊な環境にのみ生育していると考えられていたが，低温の海洋中のDNAの解析から，中温性あるいは低温性の菌の存在が示唆されている．*Thermoproteus, Pyrolobus, Pyriductium*などの属がある．

1.4.2　ユリアーキオータ（*Euryarchaeota*）

　生理的に多様なグループで，メタン生成菌は全てこのグループに属する（*Methanobacteriales, Methanococcales, Methanomicrobilaes, Methanopyrales*目）．メタン生成菌の他，高度好塩性のアーキー（*Halobacteriales*目）も，ユリアーキオータに含まれる．

1.4.3　コルアーキオータ（*Korarchaeota*）

　米国イエローストーン国立公園の温泉源のDNA試料から最初に発見され，

> **コラム2　土壌中の細菌の種の多様性**
>
> 土壌中の細菌の種の数は，10グラムの土壌あたり$10^4 \sim 10^6$とされている．細菌の種の多様性は，DNA配列の多様性で表され，DNA配列の多様性は，ランダムに切断して変性して1本鎖にしたDNAを，溶液中でアニーリング（再会合）させたときの，2本鎖への復元速度から求めることができる．V. Torsvikら（1990）は，土壌から分離した細菌細胞から抽出したDNAについて，変性－アニーリング実験を行い，13,000種という，それまで想像もつかなかったような多様な細菌が存在すると考えた．その後，J. Gansら（2005）は，Torsvikらの方法は，土壌試料中の細菌の全ての種が同じ頻度（菌数）で存在していると仮定しているため，過小評価となっていると考え，種によって存在する菌数が異なる（配列によってコピー数が異なる）場合の新たな計算方法を考案した．この方法で文献データを再計算した結果，10グラムの土壌中には640万種もの細菌が存在するという結果をえている．

混合培養としては培養に成功している．系統樹の根元に最も近いことから，原始生物の特徴を表していることが考えられるが，詳しくはまだ分っていない．

アーキーについても，土壌DNAの解析から，培養された代表株を持たないグループの配列が見つかっている．

1.5　真核微生物

土の真核微生物としては，菌類，原生動物，藻類等がおり，それぞれ生態的に重要な役割を担っている．

1.5.1　菌類，真菌類

菌類（fungi）には微生物として扱われる微小なものから，キノコ（mushroom）などのように肉眼で識別できる大きさの子実体を作るものまで含まれる．土壌の菌類には，糸状菌（カビ；molds, filamentous fungiおよびキノコを含む）と酵母（yeast）がある．糸状菌は糸状で分岐した菌糸（hyphae）を伸ばして生育する．菌糸は絡まりながら伸長し，菌糸体（mycelia）を形成する．有性生殖により生殖器官である子実体に卵胞子，接合胞子，子嚢胞子，担子胞子を形成する完全菌類と，有性生殖が観察されていない不完全菌類に分けられる．分生子（conidia）は無性生殖で形成する胞子で，分生子柄の先

端に作られる．分生子の形は，属によって特徴的である（図5）．

菌類は従属栄養で，栄養要求は一般に単純である．一部は水生だが多くは陸生で，土壌中や植物遺体中に菌糸を伸ばして生息しており，植物遺体をはじめとした有機物分解において大きな役割を果たしている．多量の胞子を作る，酸性や高温に強い，植物由来の高分子化合物分解能を有し種々の有機物を利用する，等の性質により，土壌中に優占している．

植物の根のほとんどは，菌と共生関係にある．一方，穀物の重要病害のほとんどが，糸状菌により引き起こされる．このように，菌類と植物は密接な関係にあると言えるが，このことは，植物が地上に進出して以来，共進化してきたことの反映であると考えられる（4.「植物と土の微生物」参照）．

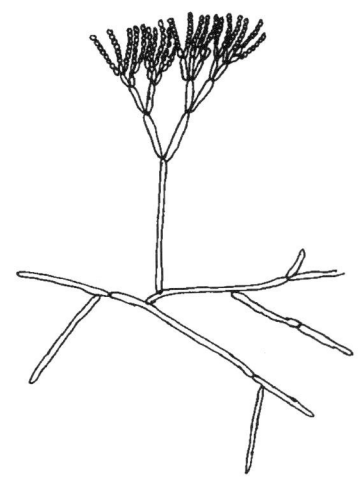

図5　糸状菌の属に特徴的な分生子の形

担子菌類（Basidiomycota）は強力な木材分解菌（腐朽菌）で，セルロースだけでなくリグニン分解能をも有している．植物遺体中のリグニンは，主として担子菌の働きにより分解される．**白腐れ**（white rot，セルロースとリグニンがともに分解）と**赤腐れ**（brown rot，セルロースのみが分解）の2つのタイプが知られている（5.1.2参照）．

酵母は単細胞の菌類（unicellular fungi）であるが，分類的には厳密な意味は持たない．多くは球形や卵形で，発芽により増殖する．人間は古くより発酵に利用してきたが，自然界では果物，花，樹皮等，糖類が存在する場所で生息しており，土にも見出される．

1.5.2　粘菌類（**slime molds**）

胞子を作る点では菌類と共通しているが，運動性を有する点では原生動物

に共通しており，両者の中間的な性質を有するといえる．**細胞性粘菌**（cellular slime molds）と非細胞性粘菌（acelluar slime molds）に分けられる．樹木のリターや腐朽木等の腐朽植物遺体表面に存在し，細菌等の微生物を摂取（貪食）している．

1.5.3 原生動物 （protozoa）

細胞壁がない単細胞の真核生物で，サイズは原核生物より大きい．藻類とはクロロフィルがない点で，酵母や糸状菌とは運動性があり細胞壁がない点で，粘菌とは子実体を作らない点で，それぞれ異なる．生活の場として水が必要であるが，河川，湖沼や海洋，水田等の他に，陸上の一時的な水溜まり，植物や様々な構造物の表面の薄い水の層や土の間隙水等，ごく少量の水の中にも存在している．土では大部分がシストとして存在しており，乾燥に耐えている．雨の後水分がある状態では運動するものもしばしば現れるが，それも時間的に限られている．こうして土に生息している原生動物は，永続的に水が存在する環境に生息している原生動物と区別して，土壌原生動物とも呼ばれる．アメーバ状の運動をする **Sarcodina**（通称，アメーバー），べん毛で運動する **Mastigophora**（通称，べん毛虫），べん毛で運動する **Ciliophora**（通称，せん毛虫）に分けられる[7]（図6）．

運動性を有し，エサを求めて動き回り，**貪食**（phagocytosis）で他の微生物等を摂食し，炭素源やエネルギー源としている．捕食により取り込まれた微生物の窒素成分は

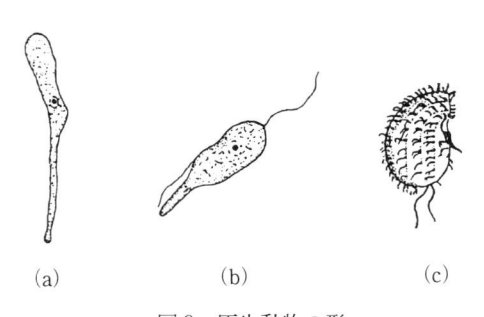

図6 原生動物の形
(a) アメーバ（*Naegleria*），(b) べん毛虫（*Cercomonas*），(c) せん毛虫（*Colpoda*）．

---

7) 原生動物関連生物の分類は，従来から多くの論議があったが，近年大きな変革が行われつつある．ここで述べる Sarcodina, Mastigophora, Ciliophora についても，K. Hausmann らの文献（2003）で注目すべき提案がなされている．

(a) *Chlamydomonas snowiae* (b) *Euglena intermedia*

(c) *Oscillatoria formosa* (d) *Anabaena circinalis*

図7 微小藻類

一部が原生生物に取り込まれるとともに，残りは環境中に放出される．さらに原生動物の補食活動は，被食微生物の代謝活性を活発にする．こうした働きにより，根圏における原生生物の存在は，植物への無機化窒素の供給を活発化する．

1.5.4 藻類 (algae)

微小なサイズのものから海洋に生息している巨大な大きさのものまで，大きさ，形態は様々で，系統的にも多様なグループである．土壌藻類は，土壌中や土壌表面，原石やコンクリートの表面，植物体上にも生息している．クロロフィルを含み，酸素発生の光合成を行うため，土壌表面の光が届く範囲に生息している．土壌の藻類は地衣類，蘚苔類などとともに土壌クラスト[8]を形成し，土壌粒子の流亡を防いでいる．

---

[8] 物理的・化学的土壌クラストと区別するために，生物的土壌クラストともいう．シアノバクテリア，地衣類，蘚苔類が生育し，それらの菌体自信やそれらから分泌される有機物により土壌粒子が結合する．

1.6 ウイルス，ファージ

　DNAまたはRNAを含む遺伝要素で，細胞（宿主）内で染色体とは無関係だが，細胞に依存して複製する．その意味では寄生性である．核酸がタンパク質で囲まれた微小な粒子状であるウイルス粒子（またはビリオン）として細胞外に存在する点で，プラスミドとは異なる．宿主によって便宜的に，動物ウイルス，植物ウイルス，細菌ウイルス（バクテリオファージ，あるいは

コラム3　菌類の系統分類

　真核生物である菌類の系統分類は 18S rRNA の配列を基に行われているが，18S rRNA の配列だけでは詳しい系統関係の解析には不十分と言われていた．T. James ら（2006）は，18S rRNA の配列の他に，28S rRNA，5.8S rRNA，伸張因子 1-α（*EF 1α*），RNAポリメラーゼⅡサブユニット（*RPB*1, *RPB*2）の配列を加えた6遺伝子の配列を，約200種の菌類について調べ，系統関係を解析した．その結果，図8のような系統関係が明らかになった．

　菌類は，遊走子（鞭毛胞子）を持つ，現在のツボカビに類似している水棲の単純な生物から胞子の鞭毛が喪失し，次いで陸上の糸状菌が広く多様化したと考えられているが，系統解析の結果，鞭毛の喪失は独立に少なくとも4回起こっていることが明らかとなった．また，今までに記載された菌類の大部分が属する *Basidiomycota*（担子菌門）と *Ascomycotac*（子のう菌門）は，（ライフサイクルの一時期に2核を持つ）dikarya分岐群を形成し，比較的最近分離したことが示された．そして，担子菌門と子のう菌門に最も近いのは，従来は接合菌に分類されていた *Glomeromycota*（菌根菌を含む）であった．*Zygomycota*（接合菌門）は *Chytridiomycota*（ツボカビ門）と同様に，単一系統ではなく複数の系統群に分かれている．

```
            ┌─── Basidiomycota（担子菌門）  ┐
          ┌─┤                              ├ Dikarya
        ┌─┤ └─── Ascomycota（子のう菌門）   ┘
      ┌─┤ └────── Glomeromycota
    ┌─┤ ├──────── Mucormycotina（Zygomycota：接合菌門）
  ┌─┤ └────────── Enthomophthorales（Zygomycota：接合菌門）
  │ ├──────────── Olpidium（Chytridiomycota：ツボカビ門）
┌─┤ └──────────── Blastocladiales（Chytridiomycota：ツボカビ門）
│ └────────────── Euchytrids（Chytridiomycota：ツボカビ門）
├──────────────── Microsporidia（微胞子虫）
├──────────────── Rozella（Chytridiomycota：ツボカビ門）
└──────────────── 動物
```

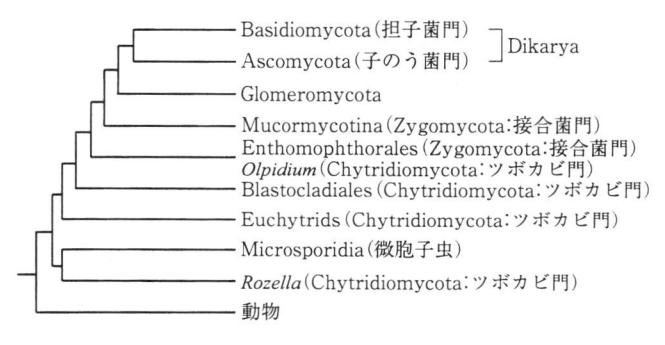

図8　菌類の系統関係

単にファージ）に分類される．土壌中には多くのバクテリオファージが存在している（K. E. Williamson ら，2005；N. Nakagawa ら，2007）．

2. 微生物の増殖と飢餓または耐久

　土に大量に存在する微生物細胞は，増殖，飢餓または耐久のいずれかの状態にあると考えられる．本章では，まず微生物活動と密接な関係にある増殖をとりあげ，栄養，細胞の分裂および培養の諸問題を解明する．ついで，飢餓，耐久の状態について考える．

2.1 微生物の栄養

　土など自然環境にすむ微生物は，様々な物質を変化させている．微生物は一般に，こうした物質変化によって自らは分裂し増殖する[9]．

　微生物が増殖するには，**栄養物**（nutrients）を必要とする．栄養物は微生物体内で化学変化し，(1) 新しく合成する微生物体の材料となるか，(2) 化学変化で生ずるエネルギーをATP分子に移し，生存と増殖に必要なエネルギーとして利用される．前者を**同化**（anabolism）といい，後者を**異化**（catabolism）という．微生物によって栄養物として利用できる物質の種類は，大きく違う．

2.1.1 炭素源，窒素源

　微生物体の乾燥重量の約50％は炭素原子であり，菌体の骨格は炭素原子でできている．骨格となる炭素原子を供給する栄養物を**炭素源**（C source）という．炭素源となる物質には，無機物である二酸化炭素と，様々な有機物とがある．もっぱら二酸化炭素を炭素源として増殖できる鉄酸化菌や硝化菌などを発見，分離した S. Winogradsky は，こうした微生物を**独立栄養菌**（autotrophs）と呼び，有機物を炭素源とする**従属栄養菌**（heterotrophs）と区別した[10]．

---

9) 微生物の営む物質変化には分裂・増殖を伴わない場合もあり，これをコメタボリズム（cometabolism）という．

微生物体で二番目に多い元素は窒素である．窒素を供給する栄養物を**窒素源**（N source）という．窒素ガスを窒素源として利用できる微生物は，とくに**窒素固定菌**（nitrogen‑fixersまたはdiazotrophs）と呼ばれる．その他の窒素源となる物質には，アンモニウム塩，硝酸塩などの無機物およびアミノ酸，タンパク質などの有機物とがある．

2.1.2 エネルギー源

微生物には栄養物をエネルギー源とする**化学合成菌**（chemotrophs）と光をエネルギー源とする**光合成菌**（phototrophs）とが存在する．前者の化学合成菌には，無機物の酸化でエネルギーを得ている**無機合成菌**（lithotrophs）と有機物の分解でエネルギーをえている**有機合成菌**（organotrophs）とがいる．また後者の光合成菌には，栄養物として有機物を必要とする**光合成従属栄養菌**（photoheterotrophs）と有機物を必要としない**光合成独立栄養菌**（photoautotrophs）とがいる（5.1.1参照）．

2.1.3 生物間相互関係と微生物の栄養

微生物の栄養の研究は土壌などの自然の場から，それぞれの種類の微生物を取り出し別々に培養して行うことを基本としてきた（**純粋培養**，pure cultureという）．しかし，自然の場ではどの微生物も他生物の影響を受けず，単独に生きているわけではない．多かれ少なかれ，他生物の影響を受けている．それどころか顕著な影響を受けているものも数多い．栄養をめぐる**共生**（symbiosis）や**寄生**（parasitism）と呼ばれる2つのケースも，その例である．共生では，相手生物から栄養物を受け取るだけでなく，自らも相手に別の栄

---

10) 18世紀以前の化学では生物体の成分や生物の発酵産物，分泌物，排泄物は生命に関係する神秘性をもつ物質と考えられた．その名残で19世紀以後も，これらの物質を有機物と呼ばれ，それ以外の物質を無機物と区別されてきた．20世紀になって，有機物は炭素原子間の結合を含む物質と再定義された．S.Winogradskyは19世紀的考えで，有機物を栄養にする微生物は他生物に依存する，つまり多生物に従属した栄養のとり方をするとした．それに対して二酸化炭素は他生物に依存しない（独立）栄養のとり方をしていると解釈したわけである．用語に，古い名残が残っている例である．

表1 主要微生物と生態的栄養関係

微生物	グループ	栄養
ウイルス	動物ウイルス 植物ウイルス 糸状菌ウイルス 原生動物ウイルス 藻類ウイルス 細菌ファージ	それぞれの生物に寄生する.
細菌	独立栄養菌 従属栄養菌 　共生菌 　寄生菌 　腐生菌	 栄養物を他生物からの供給に依存しない. 栄養物のすべて,または一部を他生物に依存. 生物遺体を栄養源とする.
糸状菌	従属栄養菌 　共生菌 　寄生菌 　捕食菌 　腐生菌	 藻類と共生し,地衣体を形成するもの,植物根 または植物葉と共生するものなど. ネマトーダを捕食し栄養源とする. 植物遺体などを分解し,栄養源とする.
藻類	独立栄養菌	栄養源を他生物に依存しない.
原生動物	従属栄養菌 　共生菌 　寄生菌	 ウシ,ウマ,シロアリ,その他昆虫,土壌動物 などの消化管で細菌と共生する. 動物(まれに植物),藻類に寄生する.

養物を提供したりして共存共栄をはかっている.寄生では,相手生物からもっぱら栄養物を受け取っている.後者の場合,寄生する相手生物を**宿主**(hosts),受け取る微生物を**寄生菌**(parasites)という.寄生により相手生物の生理や生育に悪影響がでる場合,寄生菌は**病原菌**(pathogens)とも呼ばれる.また,生物遺体を栄養物とする微生物たちを**腐生菌**(saprophytes)という.原生動物は生きた細菌や糸状菌を食べる.これを**捕食**(predation)という.

微生物のこうした生態的栄養関係の概要を表1にまとめた.

2.2 微生物の増殖

2.2.1 微生物の分裂，伸長

単細胞の微生物の増殖には，細胞分裂をくり返す場合と，細胞が伸長していく場合（この場合伸長する細胞は**菌糸**；hyphaeと呼ばれる）とがある．

1) 細菌，原生動物は細胞分裂で増殖

細菌の細胞分裂には，いくつかの様式がある．主なものを，図9に示した．

一方，原生動物の分裂のしかたの主なものとして，(1) 二分裂，(2) 多分裂，(3) 発芽などがある．

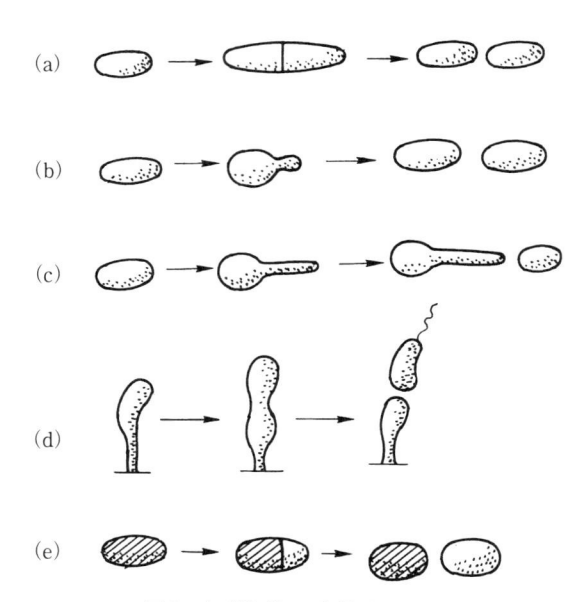

図9 細菌細胞の分裂パターン
a) 二分裂，(b) budding，(c) hyphae からの budding，(d) stalked bacteria の budding，(e) polar growth．
(a) と (e) の違いは，前者は母細胞の細胞壁，細胞質が均等に二つの娘細胞に受け継がれるが，後者では一方の細胞のみに受け継がれ，もう一方は完全に新しく合成される点である．

2）放線菌，糸状菌の菌糸の伸長

　放線菌，糸状菌は，菌糸の先端細胞だけが細胞分裂をくりかえし，伸長する．また，菌糸から分岐して胞子や胞子のうをつくる．こうした胞子や胞子のうの形は，それぞれの菌に特別のもので，分類の目じるしとなる．

2.2.2 培養と微生物の増殖

　分離微生物の増殖研究は，液状培地または固形培地（寒天；agar やゲランガム；gellun gum で固形化する）をもちいた培養で行われる．固形培地の場合，ペトリ皿中で行われるが，研究初期にはガラス板が用いられたため，**平板（plate）培養**と呼ばれる．

　液体培養の場合，細胞が分裂によって増え，培養液の濁りが増していく．栄養物が枯渇したり，分解産物で増殖が抑えられたり，クオーラム・センシング（コラム6参照）が働くと，増殖が止まり，やがて死細胞がではじめる．菌糸の伸長によって増える微生物や分裂中に粘性物質を分泌する微生物の場合は，培養液中にペレットやフロックを形成する．

　固形培地では，微生物増殖によって菌体の**集落（コロニー；colony）**をつくる．培養微生物では普通，コロニーは乳白色または黄色，紅色，藍色などに着色し，肉眼で観察可能であると考えられている．

　土の細菌研究にとって，平板培養は特別重要な意味をもつ．すなわち，(1) コロニーの数から土の細菌数（密度）が推定できる，(2) 各コロニーから個々の細菌を分離できる．しかし，土にすむ全ての細菌が，平板培養によってコロニーをつくるわけではない．それどころか，これまで培養によってコロニーをつくらせえたのは，土壌中の細菌細胞のわずか1パーセント前後だとされる．この難問には，2つの背景が考えられる．ひとつは，各細菌が増殖のため必要とする栄養成分が培地に全部揃っていない可能性である（2.2.4 選択的培地と集積培養　参照）．いまひとつ，栄養は存在しても，個々の細菌細胞は一様に増殖し，コロニーを形成するとは限らないという事情がある．以下，この二番目の事情について立ち入って考えることにする．

2. 微生物の増殖と飢餓または耐久

1）平板上に蒔かれた細菌細胞の分裂開始

固形培地に蒔かれた細胞は，培養によって分裂をはじめる．しかしその開始は蒔かれた全ての細胞で一斉に起こるのではなく，一次の化学反応式にそって偶発的に順次分裂をはじめていく．

細菌細胞集団を寒天培地に接種し培養すると，各細胞は成長し分裂（＝増殖）していく．その際，一回目の分裂がまだ起きない細胞（未反応物質の濃度に相当する）の数の対数は，培養時間に対して直線的に減少していく．このように未反応物質の量（分裂していない細胞の数）が，対数直線的に減少するのが，一次化学反応の特徴である．直線の勾配 λ は一次反応の速度定数（分裂開始速度）に相当する．図10に見られるように，接種される細菌が分裂停止後の時間が長くなるほど，勾配は緩やかになる．接種された細胞集団中の各細胞が分裂をはじめていく速度が小さくなる．つまり，各細胞は時間的に一層ばら

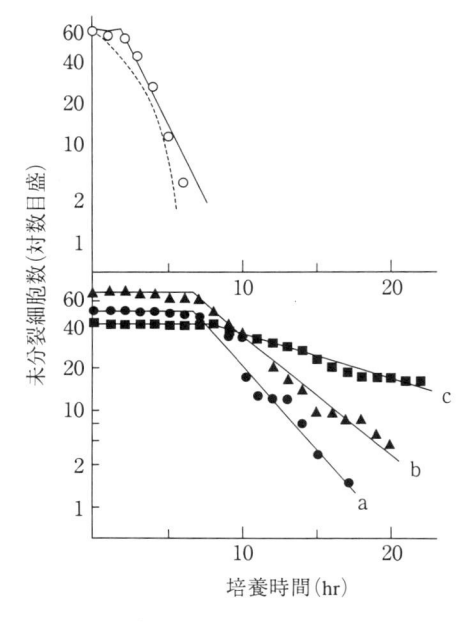

図10 低栄養菌 *Agromonas* sp. S 711 の細胞集団の個々の細胞が二分裂する時間経過
前培養した細胞集団をスライド・グラスに塗布した寒天培地（百倍希釈肉汁）上に接種し，顕微鏡写真を短時間間隔で撮っていく．それぞれの細胞が伸長した後，2つに分裂する時間を測定した．横軸の各時間までにまだ分裂していない細胞の数（対数）を縦軸にプロットした．（Mochizuki and Hattori, 1986）

（上）前培養がまだ対数増殖期で増殖しつつある細胞集団を接種した実験．（下）a, b, c はそれぞれ増殖停止後119 hr，239 hr，または813 hr 経過した細胞集団を接種した実験．未分裂細胞の数はいずれのケースでも対数直線的に減少している．この経過は，放射性原子の崩壊による減少の場合と同じである．

ついて増殖（分裂）しはじめる．

ところで一次の化学変化である放射性原子崩壊では，半数の原子が崩壊するのに必要な時間を**半減期**（half life）と呼んでいる．同様に，半数の細胞が増殖（分裂）を開始し一回目の分裂をするまでに要する時間を**半増期**と呼ぶことにする．半増期 $t_{1/2}$ は，半減期と同様に下式でもとめられる（コラム4，22頁参照）．

$$t_{1/2} = \ln 2 / \lambda \tag{1}$$

寒天培地に蒔く細胞集団が古いもの（前培養で細胞分裂が終わってから，新しい培地に移植するまでの時間が長いほど，古いと考える）になるほど，$t_{1/2}$ の値は大きくなる傾向がある．また，高栄養菌よりも低栄養菌（2.2.3 参照）の方が $t_{1/2}$ の値は大きく，分裂開始がより大きくばらつく．たとえば，高栄養菌である *E. coli* の場合，新鮮なの細胞集団では，半増期 $t_{1/2}$ はわずか数分で，ほとんど一斉に起こる．増殖停止後数日以上たっても，半増期は1日以下にとどまる．一方，低栄養菌 *Agromonas* sp. の細胞集団では，新鮮な細胞集団でも，半増期は数時間以上あり，増殖停止後日数がたつにしたがって，半増期も数日に延長する．土壌のような条件下では，低栄養菌の半増期はさらに長く，数ヵ月またはそれ以上のこともあると推定される．

2）コロニーの形成

分裂をはじめた細胞は，同じ周期で分裂をくり返し，細胞数を増やしていく[11]．細胞数が千個ぐらいに増える（分裂回数約10回）と，肉眼で見えるコロニーをつくる．平板上のコロニー数が培養時間とともに増えていく経過は，図11に示したような曲線となる．分裂の開始（またはコロニー出現）と培養時間との間のこのような関係を **FORモデル**（first order reaction model）といい，そのグラフ化した曲線（図11）を **FORモデル曲線**（FOR model curve）という．

3）土壌細菌のコロニー形成曲線

土壌サンプルを寒天培地で培養すると，いろいろな細菌が増殖しコロニー

11）ひとつの細胞から分裂によって生まれた子孫細胞の集団をクローン（clone）という．

コラム 4　一次の化学反応式

ある原子，または分子が，他の原子，分子とは別に，単独で崩壊したり分解したりする化学変化を一次化学反応という．崩壊（または分解）する原子（または分子）の濃度を（M）で表すと，この反応の速度は次式となる．

$$d(M)/dt = \lambda(M) \tag{2}$$

λ は反応定数．両辺を積分すると，

$$(M) = (M_0) e^{-\lambda t} \tag{3}$$

となる．ただし，(M_0) は初期濃度．半分の原子（または分子）が崩壊（または分解）するに必要な時間 $t_{1/2}$ は，上式で $(M) = 1/2 \, (M_0)$ とおけば求まる．すなわち，

$$t_{1/2} = \ln 2/\lambda \tag{4}$$

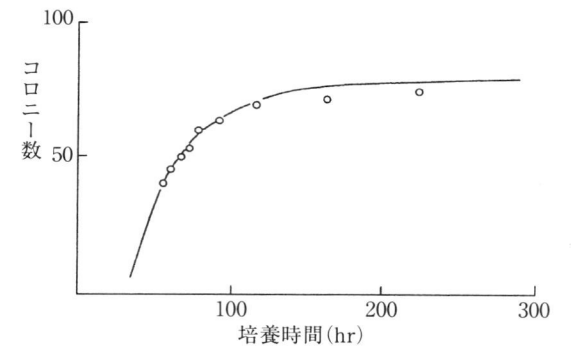

となる．

図11　低栄養菌 *Agromonas* sp. S711 の細胞集団のコロニー形成曲線
　使用培地は百倍希釈の肉汁寒天培地．それぞれの培養時間で平板上に現われたコロニーの数をプロットした．曲線はこれらのプロットを最小自乗法によってコロニー形成の一次反応式に当てはめて描いた（Ishiguri and Hattori, 1985）．

をつくる．コロニーの数は培養時間とともに増大するが，その増大のし方は図12のようにいくつかの FOR モデル曲線を重ねた経過をとる．この曲線を**コロニー形成曲線**（colony forming curve: CFC）といい，重なる各 FOR モデル曲線を**成分曲線**（component curve）と呼ぶ．

　土壌細菌は，分裂速度の違ういくつかのグループからなっていることが一因である．同じ成分曲線にそって現われたコロニーから分離される細菌株集団は互いに似た速度で分裂でき，他の成分曲線にそってコロニーを形成した

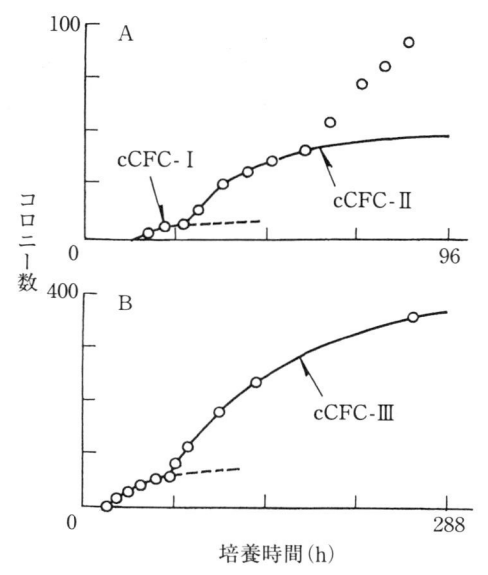

図12 土壌細菌集団のコロニー形成曲線

これは水田細菌の例で，Aは95時間まで，Bは280時間までの培養中の計数値をプロットしたものを，いくつかのFORモデル曲線でシミュレイトしたもの．各FORモデル曲線を成分曲線（cCFC）といい，出現順にcCFC-Ⅰ，-Ⅱ，…と番号を付す．BではcCFC-ⅠとcCFC-Ⅱとの区別が鮮明でない．（Hashimoto and Hattori, 1989）．

細菌株集団とは区別できる．2つの集団は系統分類的にも違ったクラスター（それぞれ複数）をつくる傾向がある．

コロニー形成曲線は，培養時間を長くすれば，新たな成分曲線が出現する可能性があり，最終的に何段となるかは決め難い．

4） 細胞分裂の停止

平板上で分裂を始めた細胞は，全て必ず肉眼で観察できる程度の大きさのコロニーをつくるまで分裂をつづけるわけではない．肉眼で観察できるほどコロニーが大きくならないうちに，**クローン**全体が分裂を停止することがある．この場合，肉眼では見えない**ミクロコロニー**（microcolony）の状態で増殖がとまるので，顕微鏡を使わないと観察できない．土にすむ細菌の平板培養では，とくにこの現象がよく起こると考えられる．

2.2.3 増殖の環境条件

微生物の増殖や活動は，栄養物濃度をはじめ，いろいろな環境条件によって影響を受ける．

1）栄養物の濃度

微生物が周囲の物質を変化させる速さ（化学的活性）や栄養物を吸収して増殖する速さは，その物質（または栄養物）の濃度によって変わる．両者の関係は，いずれも酵素反応の速度式である**ミハエリス・メンテン**（Michaelis-Menten）式とおなじ形の曲線によって表わされる．

各微生物には，増殖できる栄養物濃度の上限，下限がある．図13aにしめすように，上限，または下限の濃度範囲により**高栄養菌**（copiotrophs）と**低栄養菌**（oligotrophs）に分ける．

2）酸素濃度

気相の酸素ガスの濃度（気体の場合は分圧ともいう）も，微生物の増殖に

(a) 栄養物濃度

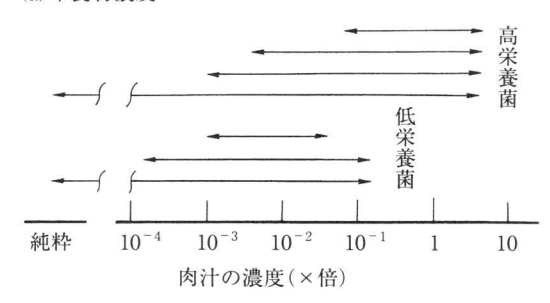

(b) 酸素の濃度

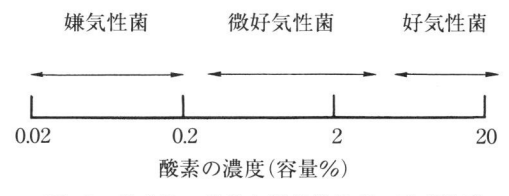

図13　微生物の増殖と栄養物濃度，酸素濃度

大きな影響をあたえる（図13b）。大気の酸素濃度（約21% v/v）と同程度の濃度でよく増殖する菌を**好気性菌**（aerobes）といい，大気の酸素濃度では高過ぎ，1% v/v程度の酸素濃度を好むものを**微好気性菌**（microaerophiles）という。酸素濃度がさらに低く，0.2% v/v以下（または0）の条件でのみ増殖するものは**嫌気性菌**（anaerobes）という。また栄養などの条件に対応して，好気的にも嫌気的にも増殖できるものを**通性嫌気性菌**（facultative anaerobes）という。土には，これら四種類の細菌いずれもが存在する。一方，これまで知られている土の糸状菌，原生動物は大部分好気的で，嫌気的な種は少ない。

3）温度，水素イオン濃度（pH），塩類濃度　（図14）

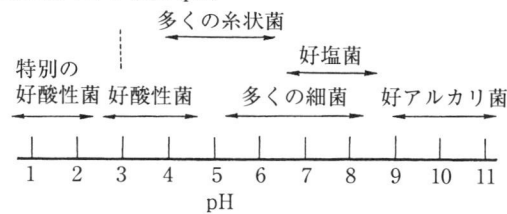

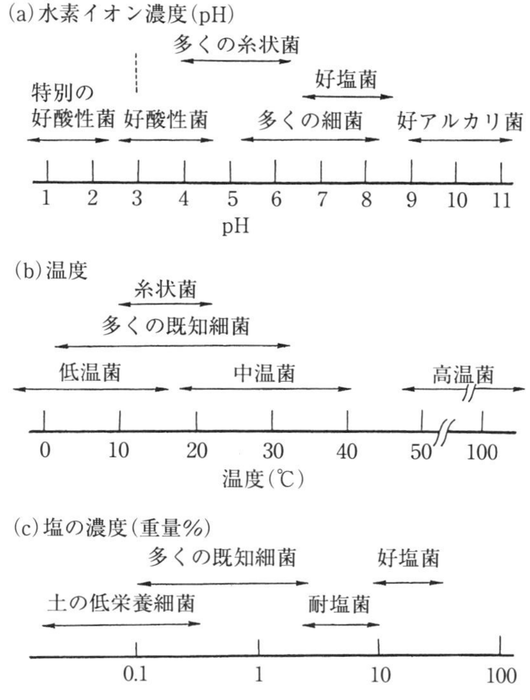

　それぞれの微生物には，増殖できる温度範囲がある。0～20℃の範囲で増殖できるものを**低温菌**（psychrophiles），20～40℃でよく増殖する通常の微生物（**中温菌**，mesophilesともいう），45℃以上で増殖する**好熱菌**（thermophiles），なかでも80℃以上でよく増殖するものを特に**超好熱菌**（hyperthermophiles）という。

　溶液のpHも微生物にとって重要である。多くの糸状菌の増殖に適したpHは4～6付近である。細菌の多くはpH5～8付近でよく増殖する。pH5以下で増殖

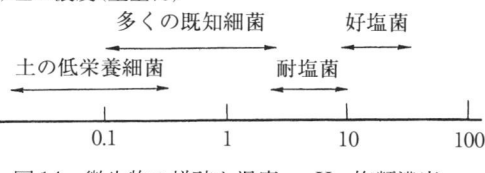

図14　微生物の増殖と温度，pH，塩類濃度

できる細菌は**好酸性菌**（acidophiles）という．また，pH9以上で増殖できるのは，**好アルカリ性菌**（alkaliphiles）という．

原生動物の多くは中性域および酸性側で増殖し，pH8以上のアルカリ側では増殖できない．原生動物が栄養物を摂取する能力は，栄養物分子のイオン化状態によって大きく変わる．

塩類の濃度も微生物の増殖に影響をあたえる．知られている微生物の多くは，食塩濃度が0.5～5％（w/w）で増殖する．しかし好塩菌は12％（w/w）以上の食塩を要求する．また，土の低栄養菌では食塩濃度が0.5％（w/w）以下でよく増殖するものが多い．

4）酸化還元電位（Eh）

培地などの溶液中で分子やイオンの酸化されやすさ，または還元されやすさは，**酸化還元電位**（oxidation reduction potentialまたは単にreduction potential）によって表され，白金電極を使って測ることができる．微生物が増殖のために営む栄養物の酸化または還元は，培地の酸化還元電位によって大きな影響を受ける（コラム5参照）．

コラム5　酸化還元電位と化学反応

微生物が営む化学変化のかなり多くが，酸化還元反応である．すなわち，微生物によってRという分子（またはイオン，または原子）がn個の電子を失い酸化され，Oという分子（またはイオン，または原子）になる．この変化はつぎの化学反応式で表される．

$$R = O + ne^- \tag{5}$$

R，Oの濃度，（R）と（O）と白金電極で測定する酸化還元電位Ehの間には，

$$Eh = E^0 + 0.059/n \log (O)/(R) \tag{6}$$

が成立する．ここで，E^0 は標準酸化還元電位で，酸化還元を受ける物質の種類によって決まる定数である．

(6)式からつぎのことがいえる．すなわち，培地のEhが高いほど，より多くのRが酸化されOとなる．また，同じEhでも，標準酸化還元電位が小さいほど，より多くのRが酸化されOとなる．

2.2.4 選択培地と集積培養

　栄養物の種類によっては，ごく一部の微生物しか栄養利用できない特異なものがある．こうした物質を栄養物とする培地では，それを利用できる特定微生物だけが増殖することになる．このような培地を**選択培地**（selective medium）という．一方，土壌抽出液培地，アルブミン培地，**希釈肉汁**（DNB）培地などは，多様な細菌が増殖できるので，**非選択培地**（non-selective medium）という．

　また，選択培地の栄養物に用いる特異な物質を土に加え培養すると，そこに存在する多種多様な微生物のうち，対応する特定の微生物だけが選択的に増殖することが期待される．これを**集積培養**（enrichment culture）という．図15は，土の団粒内で集積培養をおこなうため工夫されたもので，**環流装置**

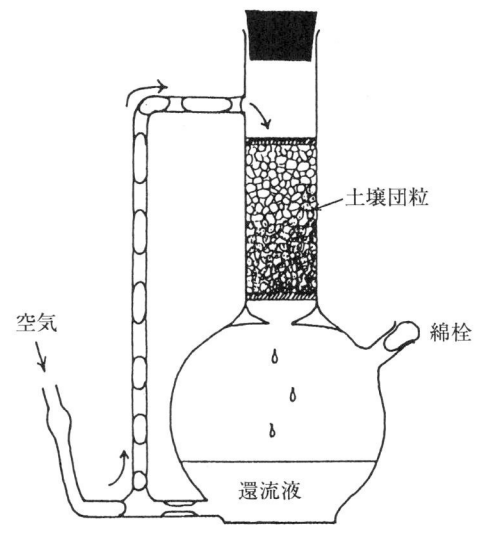

図15　還流装置
　500 mlの丸底フラスコを図のように改造して，中にマクロ団粒を約50 gつめる．外部から空気を送り込む．空気と還流溶液とが，交互に細い管を上昇するように空気の圧力を調整する．

(28)　2. 微生物の増殖と飢餓または耐久

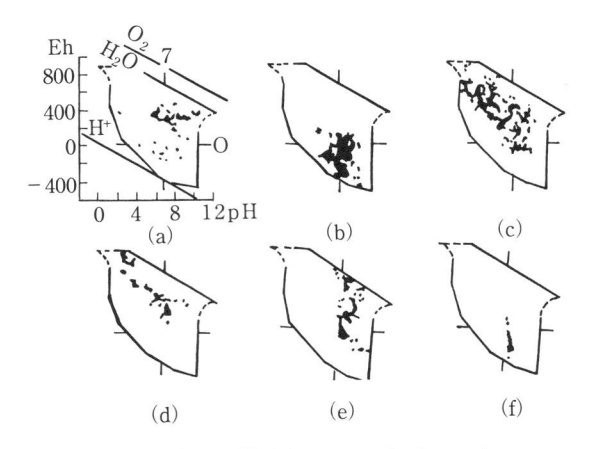

図16　微生物の化学反応とpH-Ehダイアグラム
(a) 緑藻と珪藻, (b) 硫酸還元菌, (c) 硫黄酸化菌, (d) 鉄酸化菌, (e) 脱窒菌, (f) メタン生成菌, (Bass-Beckingら, 1960).

(percolator) という.

　土やその他の自然の場で酸化還元反応によって増殖する微生物の場合は, その増殖はその場のEhとpHに強く影響される. Baas-Beckingら (1960) は, 図16のようなpH-Ehダイアグラムをもちいて, 酸化還元反応を営む微生物が増殖している自然の場のEhとpHの範囲をまとめた.

2.2.5　培養困難な土の微生物

　通常の平板培養実験では, 顕微鏡で観察できる土の細菌のうち, ごく一部 (多くの場合1～2％か, それ以下) しか, 培養によって肉眼で観察できるコロニーを形成しない. 細菌の分離は, 平板上に形成されるコロニーから細菌細胞を釣菌し新しい培地で培養し増殖させて実現するのが普通である. したがって, コロニーを形成しなければ, 細菌分離ができず, つづく純粋培養実験もできない. こうした細菌を培養困難な微生物 (または細胞) という (文献によっては, **生きているが培養できない細胞** viable but not culturable cells: VBNC cellsと呼んでいる).

　土に培養困難な細菌が存在する理由として, 以下のようなことが考えられ

1) 培養条件

　培養困難な細菌とは，一体どのような細菌であるのか．いろいろな原因が考えられる．

　まず培地や培養気相に特定成分が欠けたり，過剰であったりする可能性がある．この場合，求められる成分を追加することによって，解決する．たとえば，特定のアミノ酸，ビタミンなどの増殖因子の添加，数ミリモル濃度の Ca^{2+}，または Mg^{2+} の添加によって培養可能となる場合である．また，低栄養菌では，低濃度の栄養物を使用して解決する．

　培養気相についても，つぎのようなケースがある．低栄養菌は一般に微好気性であるので，固形培地などの表面では増殖困難となる．さらに好気性菌のなかには，培地上で O_2 から H_2O_2 や O_2^- (superoxide)，OH・(hydroxyl radical) をつくり，その毒作用のため細胞が増殖できない場合がある．この場合，培地にカタラーゼやピルビン酸などを加えるか，気相の O_2 濃度を低めて培養すると，増殖可能となる．

　一方，気相 CO_2 濃度を 5 ％ (v/v) に高めて土のサンプルを平板培養すると，培養困難な細菌とされる *Acidobacteria* に属する細菌が多数，コロニーを形成するという報告もある（B. S. Stevenson ら，2004）．

2) 抗生物質，シグナル分子

　土の動物（昆虫など），植物根，ある種の微生物などは，抗生物質やシグナル分子（コラム 6，30 頁参照）などを生産する．こうした物質の作用のため，分裂しコロニーを形成できない細菌がでてくるのではないか，とも考えられる．そこで分裂を妨害する（微）生物からできるだけ切り離すため，多数のミクロ培養器に土壌試料をごく小量ずつに分けて接種し，培養する試みもうまれている（B. S. Stevenson ら，2004）．

3) 培養時間

　培養困難とされる土の細菌は培地の組成の改良，培養時間の延長によって，かなりの程度，培養可能となる．たとえば，P. H. Janssen ら（2002）は，土の試料を希釈肉汁培地で 12 週間培養した平板上で，培養困難とされている

2. 微生物の増殖と飢餓または耐久

コラム 6　クォーラム・センシング

　ある種の細菌はいろいろな分子を生産し，外部環境変化や他細菌の出現，自細菌の細胞密度，および自身の細胞内生理の変化などを察知し，迅速に対応しているらしい．この対応には，自らの遺伝子発現の調節，バイオフィルムの形成，毒素の生産，菌体外多糖類の生産，胞子の形成，植物などの病原性因子の生産などが含まれる．これら一連の反応を**クォーラム・センシング**（quorum sensing）と呼ぶ．土にすむ細菌で，クォーラム・センシングがどの程度みられるのか，解明が待たれる．M. Elasriら（2001）によれば，土の*Pseudomonas* spp.では植物根圏にすむものが根圏外にすむものに較べ，はるかに多くが，この反応を営むという．クォーラム・センシングは細菌で発見された現象であるが，病原性糸状菌でも，同様な現象が認められ，研究が進められている（D. A. Hogan, 2006）．

---

*Acidobacteria*や*Verrucomicrobia*に属する細菌のコロニーを見出している．

　一方，土の糸状菌では，胞子の発芽を強く抑制する**土の静菌作用**（soil fungistasis）と呼ばれる現象が以前から知られている（C. G. Dobbs and W. H. Hinson, 1953）．土による糸状菌胞子の発芽抑制の機構としては，(1) 発芽に必要な栄養の枯渇．(2) エチレン，その他の揮発性物質による発芽阻害，(3) 他微生物や土壌動物が生産する抗生物質の影響など（R. B. Rosengauら，1998），(4) 細菌群集との栄養物の奪い合い，などがあげられている．

　土のこの作用は原生動物に対しても働くらしいが，詳しくは今後の研究に待たれる．

2.3　微生物の飢餓または耐久

　土に存在する微生物は，細菌，糸状菌，原生動物のいずれも，増殖中のものはごく一部だと考えられている．細菌の場合，一部は**耐久体**（persistent form）であるが，大部分は**飢餓細胞**（starved cells）であると考えられている（コラム7, 33頁参照）．ところで，土には**ミニ細胞**（mini-cell），または**矮小細胞**（dwaf cell）と呼ばれる0.4 μmまたはそれ以下の微小細菌細胞が大量に存在する（L. R. Bankken and R. A. Olsen, 1987;）．これらの微小細胞は，普通サイズの細菌が飢餓で矮小化した場合と，飢餓でなく栄養細胞が元々矮小である場合とがある．一方，土の糸状菌の場合は，菌糸の大部分が中空で，伸長は細胞質に満たされた先端部分でおこる．また菌糸からは，後述（2.3.

2) のいろいろな耐久性胞子が形成される．土の原生動物も大部分，後述（2.3.2）のようにシストとして存在している．

2.3.1 微生物の飢餓細胞

培地中の栄養物が枯渇すると，細菌細胞は飢餓状態にはいる．そこでは，飢餓に特異的な一連の遺伝子発現が起こり，細胞の体制が変化する．一般に飢餓細胞では，高温，高浸透圧，酸，過酸化水素，その他の毒物などへの耐性が増大する．また飢餓により細胞は小型化（ミニ細胞）したり，細分化または萎縮する．一方，周囲に栄養物が豊富になっても，飢餓細胞は容易には分裂を開始しない．土の中の細菌の多くは飢餓状態で，そのため培養困難であると考えられる．

2.3.2 微生物の耐久体

1) 細菌の胞子またはシスト

Bacillus や *Clostridium* など，一部の細菌は，細胞内に分化した構造で耐熱性，耐乾性の**内生胞子**（endospore）をつくる．また，細菌でも放線菌は菌糸に分散しやすい**外生胞子**（exospore，1.3.2で述べたように，分生胞子ともいう）をつくる．粘菌は栄養細胞が凝集し大部分の細胞は溶解するが，残りの一部が**粘液胞子**（myxospore）と呼ぶ耐久体になる．外生胞子や粘液胞子には熱，乾燥，毒物への耐性が見られる．

一方，*Azotobacter* やメタン酸化菌などには，乾燥，飢餓などの厳しい環境に耐えるため細胞壁を厚くし，内部に **PHB**（ポリヒドロキシ酪酸；poly-β-hydroxybutyrate）というエネルギー蓄積物質を集積した**シスト**（cysts）をつくるものがある．

2) 糸状菌

糸状菌の胞子には二種類ある．ひとつは種を分散させ子孫の分布を広げる役割をもつもので，分生胞子，胞子のう胞子，担子，子のう胞子などがある．もうひとつは，厳しい環境に耐えるためのもので，**厚膜胞子**（chlamydospore）などである（図17）．前者は外壁が薄く，発芽のための栄養物を一

(32)　2. 微生物の増殖と飢餓または耐久

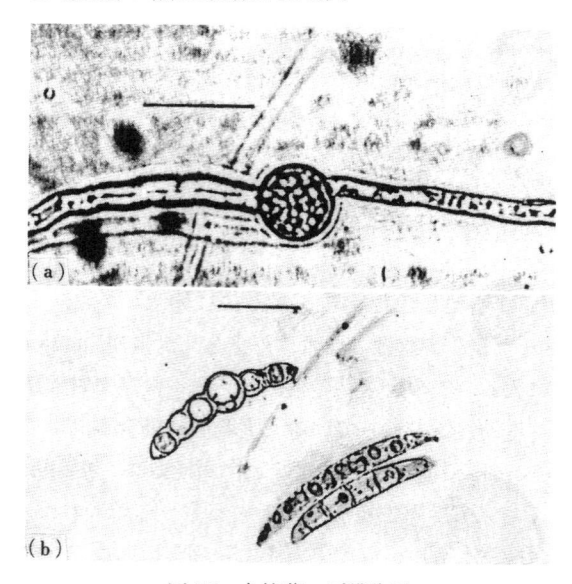

図17　糸状菌の厚膜胞子
(a) *Trichoderma viride* の菌糸上に形成，(b) *Fusarium* sp. の分生胞子内部に形成.

定量もつ．発芽後の生育は落下地点で新しい栄養供給源をみいだせるかどうかにかかっている．また分生胞子は熱や乾燥に弱く，耐久体としては不十分である．一方，後者の耐久胞子は厚い外壁をもち，長期に生残する能力をもつが，容易に発芽しない．

3) 原生動物

多くの原生動物は飢餓，乾燥，高温などの厳しい環境を生きるため，細胞を幾重もある外被で包んだシストをつくる．

2.3.3 鉱物化細胞

近年，3.1.7で述べるように，細菌が生きたまま鉱物化（または珪化）し(mineralized or silicified cells)，耐久体として土などに大量に存在するらしい．鉱物化状態の細菌は通常の形態の細菌とは生理的に大きく違い，培養についても新しい視点から考えることになろう．

コラム 7　土の微生物を全体でみると，分裂（増殖）は稀に起こる現象

　土 1 グラムにすむ細菌の細胞数は 10^9 個前後，糸状菌の胞子や菌糸片の数は 10^5 個前後，原生動物も 10^5 個前後と大量である．野外条件下の土ではある時間（日，月，または年単位で）内に，この大量の微生物細胞（または個体）のうち，どれくらいの部分が分裂し増殖しているのだろうか．微生物個体全体としてみた場合，大部分の微生物個体は**静止した状態**（quiescent state）にあり，（たとえ年単位で見ても）ごく一部の微生物細胞が分裂（増殖）しているという説がある．つまり，微生物細胞の全体からみると，土にすむ微生物が分裂し増殖する現象は，ごく稀な現象だと考えるのである．この説を支持する証拠として，つぎの事実があげられる．

① 微生物が増殖するためのエネルギー源として消費される有機物の量を，土の二酸化炭素放出量から推定すると，土の全微生物がせいぜい年平均 1～2 回の分裂する程度だと考えられる（T. R. G. Gray, 1976）．活発に増殖する一部の微生物の消費を考えると，残りの微生物が利用できるエネルギーの量では，分裂回数はごく小さいか，ゼロになってしまう．

② 土の細菌の多くは毛管孔隙に住むと考えられる．土の超薄切片の電子顕微鏡写真によると，大部分の細菌細胞は単独か，2～3 個ずつ存在している．何回か分裂してできる数個以上の細胞集落（コロニー）は，ほとんど認められない．

3. 土のすみ場所と微生物群集

本章では，土と微生物生活とのかかわりについて概観する．まず，微生物のすみ場所としてみた土の構造を考え，この内部に生きる細菌，糸状菌，原生動物について解明する．つづいて各種の微生物を群集としてまとめ，いろいろな土における微生物群集の動態についての諸研究を考察する．

3.1 すみ場所

微生物の大きさは主として，10分の1ミリメートルから10分の1マイクロメートルである．このスケールを念頭に，土の微生物のすみ場所を解明する．

3.1.1 土の骨格を構成する物質

土の骨格は鉱物粒子と腐植（コラム11，75頁参照）でできている．鉱物粒子は，粒径によって粘土，シルト，砂に区分される（表2）．粘土には特別の結晶構造のあることが知られているが，シルト，砂は，母岩が風化，細片化したものという漠然とした理解にとどまっている．また砂とシルトの間の構造的違いも，明らかでない．

土では，粘土，シルト，砂などの鉱物粒子が腐植とともに凝集し，大小の**孔隙**（pore）が豊富に存在する土壌構造を形成する．孔隙には水分または，空気，二酸化炭素ガスなどの気体が充満している．各種の微生物は，こうした孔隙にすむと考えられる．

表2 土壌鉱物成分の粒径による区分（国際基準）

区分名称	粒径 (mm)
砂 (sand)	2.0 – 0.02
シルト (silt)	0.02 – 0.002
粘土 (clay)	0.002以下

3.1.2 固体表面とミクロな環境

粘土，シルト，砂という微小な粒子はそれぞれ固体表面に包まれている．したがって土には豊富な固体表面が存在する．粘土粒子にはカオリナイトのように板状結晶，モン

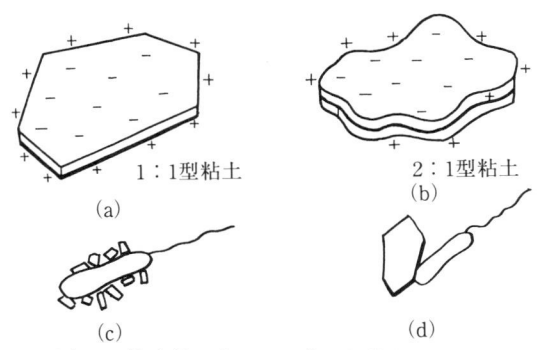

図18 粘土粒子表面の電荷と細菌表面への吸着
(a) 1：1型，ケイ酸の層（黒い部分）とアルミニウムの層（白い部分）とが1対1の割合にある結晶構造をしている．(b) 2：1型，ケイ酸の層がもうひとつある結晶．(c)～(d) は，大きさの違った粘土粒子と細菌の凝集．

モリロナイトのように不規則な薄片状結晶，アロフェンのように非結晶性のものなどがある．結晶性の粘土粒子には，**面**（face）と**端**（edge）があり，面は負に端は正に荷電する傾向がある（図18）．荷電の量は，接する水溶液のpHによってそれぞれ変わる．また，表面に隣接する溶液には逆の電荷（正または負の）のイオン層ができる．粘土表面は，腐植，植物性脂質や微生物の分泌する粘着物質などで覆われることも多い．砂，シルトの表面は一般に負に帯電する．

1) 粘土によるイオン吸着

粘土の荷電はとくに顕著で，いろいろなイオンと結合する．粘土粒子の面に現われる負電荷は，溶液中の H^+，NH_4^+，Fe^{2+}，Fe^{3+} などと結合，吸着する．また，NO_3^-，PO_4^{3-} などのアニオンは端の正電荷に引かれ結合したり粒子内部に入りこんだりする（固定という）．こうして粘土粒子に吸着したイオンは他のイオンと入れ換わることができる（**イオン交換**；ion exchange）．また，粘土粒子はアミノ酸，タンパク質，糖，腐植などの有機物と結合する．

有機物は粘土に結合すると，微生物による分解が著しく困難になる．一方，粘土に吸着した NH_4^+ は，溶液中の NH_4^+ にくらべて，アンモニア酸化菌の酸化作用を受けやすいのかどうかをめぐっては，議論がわかれている．

3. 土のすみ場所と微生物群集

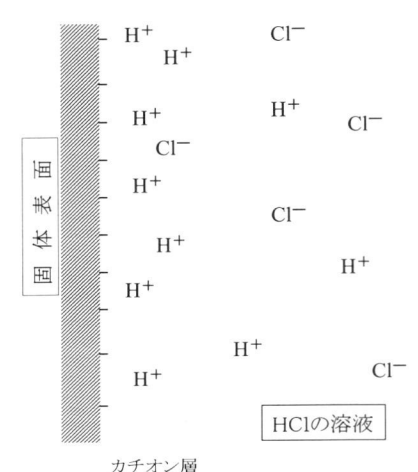

図19 固体表面のイオン層

固体表面は正または負に荷電することが多い．溶液中のイオンは表面荷電と正負逆であれが引き付けらる．また同じであれば，反発し遠のけられる．図では表面荷電は負である．したがって塩酸溶液の場合ならば，正荷電の水素イオンが引き付けられ表面付近で濃縮する．負荷電の塩素イオンは，反発され表面付近では希薄となる．こうして表面近くにはカチオン層が形成される．

2) 固体表面での増殖

固体表面に吸着した細菌の増殖（または化学的活性）は，吸着によって様々な影響を受ける．表面付近に横たわるイオン層（図19）では，各種イオンが濃縮，または希釈され，その結果は吸着細菌の増殖や活性に影響を及ぼす．また多くの場合，固体表面の細菌は，バイオフィルムを形成し，その中で増殖すると思われる．

3) 粘土粒子と微生物との結合および凝集

板状の粘土粒子の端は付近の溶液が中性または酸性であるとき正に荷電する．一方，微生物細胞の表面にある酸残基は周囲の溶液が中性またはアルカリ性である時，負に荷電する．粘土粒子と細胞表面残基の荷電が正負，逆になれば互いに引き合い，結合（または凝集）するようになる．

また細菌が多糖などを分泌して，細菌と粘土の凝集体をつくる．こうした凝集体形成によって，細菌は乾燥，酸性化（またはアルカリ化），重金属の毒性などの悪影響から守られる．

3.1.3 孔隙の径および内部の溶液，気体

土には，図20にあるように大小様々なトンネル状孔隙が網の目のように拡がっている．孔隙の分布は土の種類や施肥，土の耕起などにより，また微生物や土壌動物の働きによって大きく変わる．孔隙内部は水または気体で満た

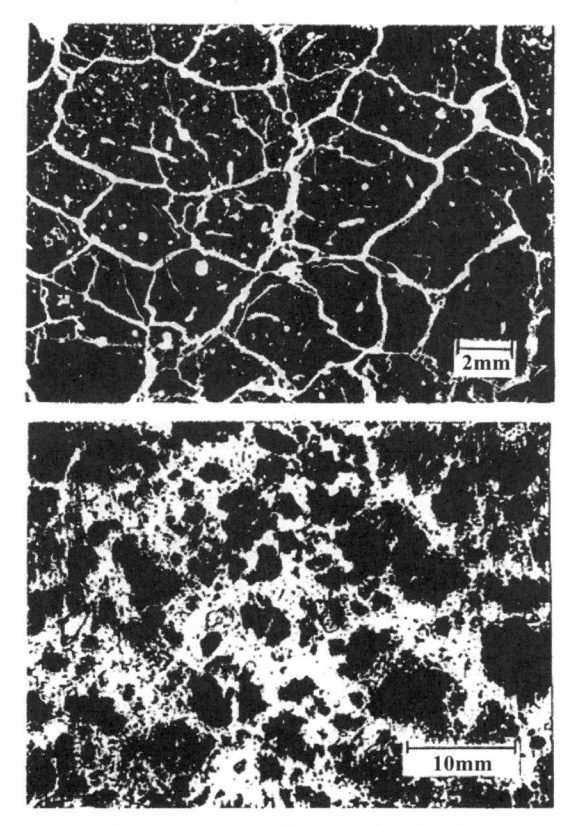

図20 土の切片に見る小孔隙と大孔隙
白く抜けた部分が,孔隙である.上:密な土,下:粗な土.

されている.土が極端に乾燥すれば,孔隙は気体ばかりになる.適度に水分を含む土では,トンネル状孔隙には,ガス泡と水柱とが入りまじって存在する.
1) 孔隙の径と水分保持力

径が約 6 μm 以上の孔隙では,土の水分は重力によって下方に流れる.このように移動できる水分は**重力水**(gravitational water),その孔隙は**非毛管孔隙**(non-capillary pore)と呼ばれる.一方,径が 6〜0.2 μm 前後の孔隙では,**毛管力**(capillary force)によって水分は孔隙内に保持される.こうした

コラム8　土の水分保持力と孔隙の直径

垂直に立てた管に水を満たし，底を開くと，管の径がある程度以上大きければ，水は重力によって下に流れ出る．こうした水が重力水である．もし管の径がある程度以下に小さくなると，毛管力が働き，水は管から流れ落ちなくなる．この水が毛管水である．毛管水は真空ポンプや遠心機によって管から引き出すことができる．引き出す際に必要な力（真空度や遠心力）はその管の毛管力である．土にある毛管孔隙の径 d （cm）は，その孔隙にある水を引き出す力から，以下のように概算することができる．

$$\mathrm{pF} = \log 0.3 - \log d \tag{1}$$

ここで pF は，図21のような装置で土の水分を引き出す際の力を図の水柱の高さ h （cm）で表した時の常用対数 $\log h$ を示す．遠心法など図以外の方法で水分を引き出した場合はその際の力を水柱の高さに換算することになる．

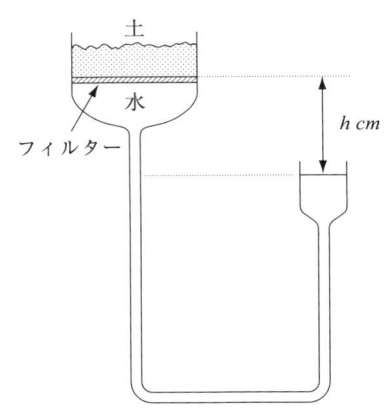

図21　土壌水分と pF
図のように水位が h cm 違う条件で土壌中の水分が土壌によって保持される力，pF は，$\mathrm{pF} = \log h$ で表すことができる．

水分を**毛管水**（capillary water），その孔隙を**毛管孔隙**（capillary pore）と呼ぶ．径が約 $0.2\,\mu\mathrm{m}$ 以下になると，孔隙内部の水分は孔壁面と強く結合する（**結合水**，bound water と呼ぶ）．微生物や植物は重力水や毛管水を利用できるが，結合水の利用は困難である．

2）孔隙内の水分のpH, Eh, 溶質濃度およびガス組成

　個々の孔隙内には水分，水素イオン，各種の有機，無機イオン，空気はじめ各種ガスが入り乱れて存在する．一方，土に住む微生物には，孔隙内を数十マイクロメートル以上にわたって菌糸を伸ばす糸状菌もいれば，孔隙内に点在する細菌もいる．したがって，個々の微生物の接する微小環境は一様ではない．

　土壌学で土のpHというと，土に一定量の水または塩類溶液をくわえ，測定したpHの値を意味する．土のガス組成も一定量の土から取り出した全ガスの組成を意味する．したがって，これら環境因子と微生物との関係を論ずる際，その議論が個々の微生物の微小環境ではなく，平均化した環境を扱っており，近似的な議論であることを念頭に置く必要がある．

　孔隙内溶液に溶けているイオンや分子，ガス泡中の気体分子は，熱運動によって拡散し移動する．拡散の速さは孔隙の断面積に比例する．孔隙が小さくなるほど，拡散は遅くなる．また，O_2など土の外の大気成分と内部に発生するCO_2などとの交換も，拡散によって起こる．

　土内部には多数のミクロなサイトがあり，いろいろな微生物が活動している．活動の結果発生するCO_2, CH_4, NH_4^+, NO_3^-などの分子，イオンは，サイト間をつなぐトンネルを通じて拡散し外部へ運ばれたり微生物や植物根に吸収されたりする．しかし，土内部には外部への出入りが困難な閉じた孔隙もあり，そこでは特定の分子，イオンが濃縮し，微生物活動に影響をあたえる場合もあると思われる．

3.1.4　土の団粒モデル

　厳密にいうと，'土粒子'という特別の粒子は存在しない．強いて土粒子といえば，土の骨格をつくる粘土，シルト，砂の粒子などを指すことになる．

　土を機械的操作で崩し細片化し水中に分散させた時現われる固形物（植物片などの有機体は除く）を漠然と土粒子ということがある．この場合，粘土，シルト，砂は単独であったり（粘土粒子は小さく，濁りとなる），小さい鉱物凝集体であったりする．水中分散で現われる粒子は，腐植（褐色または黒褐

3. 土のすみ場所と微生物群集

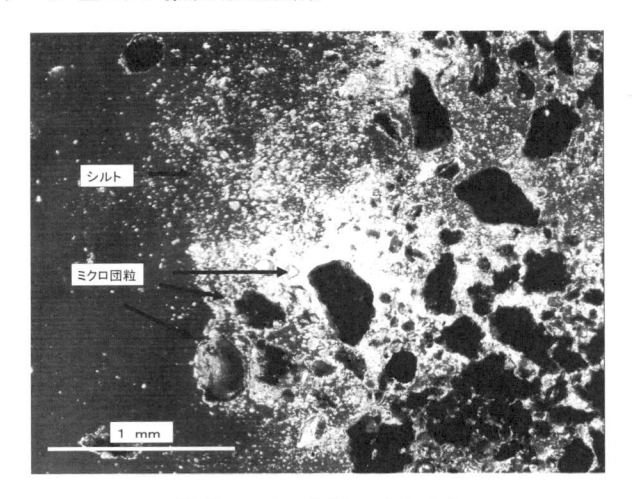

図22 マクロ団粒の水中分散
風乾した径1 mm程度のマクロ団粒を水中に入れると，マクロ団粒は崩壊し，中からシルトやミクロ団粒が現われる．ここでは，ミクロ団粒の中には0.25 mmより大きいものが見られる．

色の高分子有機物）と結合すると土色となる．

　土壌構造の議論はまだ確立していない．ここでは便宜的に風乾土の篩い分けで粒径1～2 mmの土塊区分を集め，この土塊を中心に土壌構造を考えてみる．これらの小土塊を水中に移すと，崩壊し分散する．その際，図22に見られるよう，土塊内部から微細な砂やシルトのような鉱物微粒子の他に，径が10分の数ミリメートル以下の耐水性の土粒子が現われる．これはシルトが強い結合力によってつくる凝集体で粘土，腐植をも含んでおり，**ミクロ団粒**（microaggregates）と呼ばれている．風乾土の篩い分けで集めた小土塊は，こうしたミクロ団粒と，粘土やシルトの単独の塊りとが複合凝集したもので，**マクロ団粒**（macroaggregates）と呼ぶことにする[12]．これまで単に土壌

---

[12] ミクロ団粒は，多くの文献で径0.25 mm以下の大きさとされているが，その根拠は明確でなく，粒径による土壌鉱物の区分と同程度の曖昧さのある記載だと考えられる．実際，顕微鏡で調べてみると，図22のミクロ団粒のように，0.25 mmよりも大きいものが存在する．

団粒と呼ばれてきたものは，このマクロ団粒に相当する．また，文献ではミクロ団粒は径0.25 mm以下の土粒子とされることが多い．

マクロ団粒は互いに結合して二次マクロ団粒，そしてさらに三次のマクロ団粒をつくる．一般にマクロ団粒は水中で壊れやすいが，糸状菌の菌糸や微生物の分泌する粘質物，植物根やミミズの働きなどによって固められ，一時的には耐水性になることができる．

土壌微生物のすみかを論ずる際，ミクロ団粒，マクロ団粒といった団粒構造を中心に考えようとするのが，以下に紹介する団粒モデルである．このモデルでは，径がほぼ$0.2〜6\,\mu m$の毛管孔隙は主としてミクロ団粒内部にあり，径が$6\,\mu m$以上の非毛管孔隙は主にミクロ団粒の外にあると考える．

3.1.5 微生物の動態と団粒モデル

土の微生物は孔隙にすみ活動していると，考えられる．孔隙内での微生物の分布や活動は一見複雑で理解が困難に思われそうであるが，団粒モデルを基礎にすれば，以下のように理解でき，予想することもある程度可能となる．

1) 細菌，糸状菌，原生動物のすめる孔隙

まず，毛管孔隙が存在するミクロ団粒内部と非毛管孔隙が張り巡らされているミクロ団粒外部とでは，微生物の分布，活動に大きな違いがある．すなわち，ミクロ団粒内の毛管孔隙は径$0.2〜6\,\mu m$で，細菌は十分すめる．一方，糸状菌や大部分の原生動物の体（糸状菌の場合は菌糸の巾）は$6\,\mu m$以上もあり，どちらも狭すぎてすむのが困難である．もっとも，微小な原生動物の大きさは数μm程度なので，毛管孔隙にもすめる．一方，ミクロ団粒の外にある非毛管孔隙は径が$6\,\mu m$以上あり，細菌はもちろん，原生動物や糸状菌，いずれもすむことができる．

2) 孔隙内の水分と各種微生物

微生物の活動にとって，まわりの水分事情はきわめて重要である．土の場合，毛管孔隙と非毛管孔隙では，水分保持力が大きく違う．ミクロ団粒内部の毛管孔隙では，気象条件にあまり影響されず，水分は安定して保たれ，細菌（および微小原生動物）は安定して生きていると考えられる．

一方，ミクロ団粒外部（非毛管孔隙）では，気象変化にともなう乾湿の変動がはげしく，細菌，糸状菌，原生動物の生活はその度に深刻な影響を受ける．降雨によって非毛管孔隙の水分が豊富になると，まず細菌たちが活動的になり数を増す．遅れて原生動物が活動的になり，非毛管孔隙内を動き回り，細菌を捕食するようになる．糸状菌も菌糸を伸長させるが，細菌や原生動物の攻撃を受け，活動は停滞する．雨後，乾燥するにつれ，まず原生動物が耐乾性のシストになる．ついで細菌も活動が抑えられ，胞子をつくったり死滅したりするようになる．一方，湿度のやや低い条件には比較的に耐性をもつ糸状菌は菌糸を伸長させ，繁茂し活動するようになる．乾燥がすすむと，糸状菌も耐乾性胞子をつくり生残するようになると推定される．

3.1.6 洗浄・音波法による微生物細胞の分画

団粒モデルからの推定を実験によって実証するためには，土にすむ微生物をミクロ団粒の内部にすむものと，外部にすむものに分画する必要がある（有機物破片にすむものは切り離し別途調べるのが望ましい）．この分画は，洗浄・音波法によって実現できる．

マクロ団粒を水中で崩壊させると，粘土や有機物破片のほか，砂，シルト，ミクロ団粒といった鉱物質粒子があらわれる（図22）．この操作で非毛管孔隙は破壊され，そこにすんでいた微生物の一部は有機物破片や鉱物粒子表面に付着しているが，大部分は水中に投げ出される．有機物破片を取り除き（破片に吸着していた微生物を別途調べることができる）鉱物質粒子が沈降した後，上澄液を取り出す．残った沈殿物を殺菌水で数回洗浄し，洗浄液を上澄液と合わせる．こうしてミクロ団粒の外部にすんでいた細菌，原生動物，糸状菌などの微生物を取り出すことができる．

つぎに洗浄した鉱物質粒子を水中で音波処理（処理による細菌や原生動物の死滅をできるだけ小さくするように，出力，処理時間を調整しておく）すると，若干の微小原生動物とともに大量の細菌が現われる．もっとも，ミクロ団粒の音波による破壊は部分的で，中にいる細菌の全てを水中に取り出すことは困難だと考えられる．それでも，音波処理によりミクロ団粒内部から

3.1 すみ場所　(43)

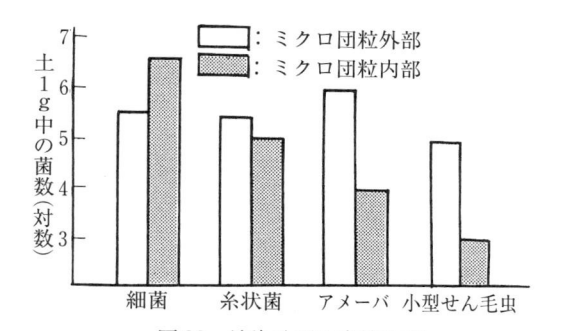

図23　洗浄分画と音波分画
　図の場合，ミクロ団粒内部の細菌数は外部の10倍近くとなっている．アメーバーや小型せん毛虫では逆に百分の1前後となっている．ミクロ団粒内部でも，たまに小型アメーバーやせん毛虫が観察される．

水中に現われる細菌の数は，外部の細菌よりもはるかに大量であることが普通である．

　洗浄分画と音波分画の各微生物の数の例を，図23に示す．すなわち，(a) 細菌の数は，乾燥した土では，音波分画が洗浄分画の数十倍大きい．これは，団粒モデルでの予想と一致する．(b) 糸状菌や原生動物は，団粒モデルでは大部分が洗浄分画に移ると期待される．しかし，図の結果ではかなりの量，音波分画に残っている．糸状菌の場合，ミクロ団粒外部にある菌糸が団粒に巻きつくためと考えられる．また原生動物の場合は，大きさが細菌と余り違わない小型原生動物が存在するためである．大きい原生動物が音波分画に現われることはほとんどない．

3.1.7　ミクロ団粒内の細菌の形態

　ミクロ団粒内には多数の細菌が存在している．これらの細胞の形態には，人工培養した時の細胞とはかなり違う場合がある．ミクロ団粒を樹脂で固め，超薄切片をつくり，透過型電子顕微鏡でとらえた細菌像の例を図24に示す．

　図24aは通常の培養細胞にもっとも近いものであるが，細胞の周辺に粘土

(44)　3. 土のすみ場所と微生物群集

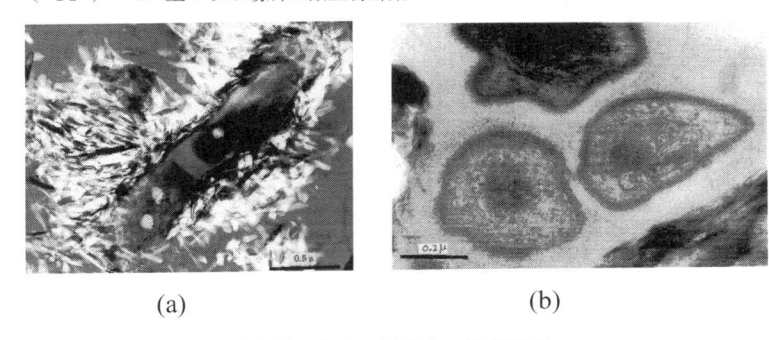

(a)　(b)

図24　ミクロ団粒内の細菌細胞
(a) 細胞の周囲に粘土や他の鉱物の微小結晶が大量に作られている．(b) 細胞は多糖らしきものに包まれている．(R. Hattori, 未発表)

粒子や他の鉱物結晶片の付着が見られる．図24bは多糖らしきものに包まれている．外に，第三の形態として，ミニ細胞が大量に認められる．ここに，いまひとつ注目すべき事実がある．ミクロ団粒内には径が1 μm以下の鉱物（恐らくシリカ）ナノ粒子が多数存在する．これを培養すると，ナノ粒子内から細菌の分裂細胞が現われる．この細胞には，明確な細胞膜の構造が認められない．恐らく鉱物・ナノ粒子には，**鉱物化細胞**（mineralized cells）という第四の形態の細菌が存在し，培養により分裂したのであろう．この形態の細菌は，150℃，2時間の乾熱殺菌または120℃，1時間の湿熱殺菌によっても死滅せず，耐熱性がきわめて高い．また固形培地での培養は困難で，2，3ヶ月続け，ようやく径が数十μm以下のミクロコロニーが形成されるのが普通である．これらのミクロコロニーの細菌は，系統分類的に相当多様である．

3.2　土の微生物群集

特定の土にすむ多様な微生物たちをまとめて，**微生物群集**（microbial communities）という．長い間，微生物群集全体を視野にいれた研究はなく，いろいろな視点からの部分群集に関心が集中されてきた．こうした研究の内容を以下に紹介する．一方近年，微生物群集全体を考慮し土壌生態系での役割が解明されはじめている．近い将来，本節はこうした新しい研究の成果の導入によって刷新されることになろう．

3.2.1 細菌,糸状菌,原生動物,藻類

　土壌微生物研究では,微生物群集を細菌,糸状菌(または菌類),原生動物,藻類などに大別し,別々に研究されてきた.

1) 細菌

　細菌は他の微生物にくらべ,体形が著しく小さい.土1グラム当たりの個体数では,細菌は10^7から10^{10}と群を抜いて多い.(もっとも,バイオマスの量では,土の糸状菌とあい争う関係である.)また,いろいろな無機,有機の物質を化学的に激しく変化させる点で,細菌は他の微生物よりも注目度が高い.とくに植物栄養となる無機物変化の担い手となる細菌たちが,よく研究されてきた.最近では,温室効果ガスの生成など,人間環境の危険な因子の生産または除去を営む生物としても,注目されている.

　細菌はまた,各種元素の地球化学的サイクルの担い手として,重要な役割を担っている.

2) 糸状菌

　林地の植物遺体分解では,糸状菌が主要な働き手である.耕地や草地で起こる物質変化,とくに植物遺体の分解でも菌類の働きは細菌に匹敵,または越えることがある.

　菌類は4億年以上前から,すでに陸上で植物と共生し原始的菌根を形成していたらしく,植物と密接な関係を保ってきている.両者の関係は共生から,寄生(とくに病原性)まで多様化している.土には各種植物に菌根をつくる菌類が存在しており,自然環境における多様な植物の保全,持続可能な農作物栽培などの視点からも注目される.一方,糸状菌には土壌伝染性植物病原菌も多く,農産物収穫に重大な影響をあたえている.

3) 原生動物

　20世紀初期,土壌細菌の動的平衡という現象(土の細菌数は増減を繰りかえしながらも一定レベルを保つという現象)が注目された.この現象は,「原生動物が細菌を食べ細菌数が減ると,原生動物も餓死し,ふたたび細菌が増えるようになり,増減がくり返される」と説明され,土の原生動物が微生物

3. 土のすみ場所と微生物群集

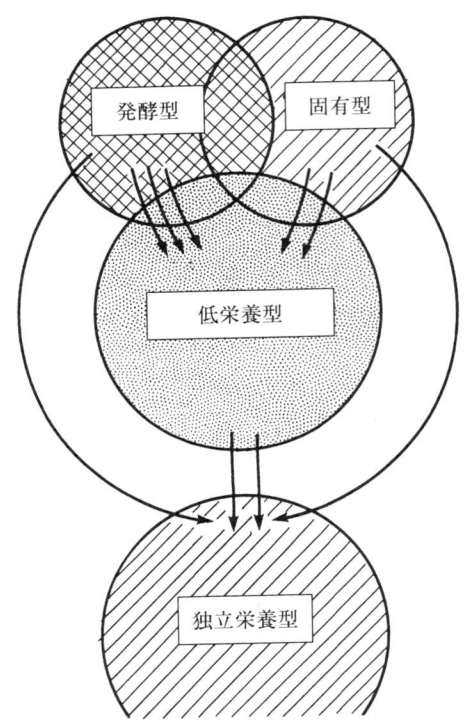

図25 E. Mishustinの描いた土壌微生物の群集構造モデル
植物遺体は発酵型微生物により分解される．また腐植物質は固有型微生物により消費される．これらの微生物が取り残した微量の有機物は，低栄養菌により浄化され，独立栄養菌の活動の場が拡がる．

群集の重要な構成員として注目された．80年代になって，原生動物が細菌体を無機物に分解し，植物の栄養とする働きが注目されるようになった（**微生物ループ**，microbial loop）．

4) 藻類

土には微細藻類が広く分布しているが，長い間，研究者の関心は窒素固定能をもつもの，糸状菌と共生し地衣となるものなどに限定されてきた．

3.2.2 発酵型微生物，固有型微生物，低栄養微生物

　土の微生物の重要な役割のひとつとして，生物遺体の分解がある．落葉など新しく土に加えられた植物遺体の最初の分解者は，落下する前後に植物葉上にいた微生物たちである．落下後土の一群の微生物が侵入し分解者として活躍し，アミノ酸，脂肪酸，タンパク質，溶解性糖類などの成分が分解される．つづいて，別の微生物群がセルロース，リグニン，キチンなどの難分解性物質や腐植物質をゆっくりと分解していく．S. Winogradskyは，前者の微生物を**発酵型**（zymogenic group），後者の微生物を**固有型**（autochthonousまたは indigenous group）と呼んだ．

　発酵型は増殖が速く，比較的高濃度の栄養培地でよく増殖する．低栄養菌は，発酵型や固有型の微生物が残す微量の遺体分解物質を除去する役割を果たしている．

　有機物を栄養とする**従属栄養菌**（heterotrophs）の外に，土には無機物を栄養とする**独立栄養菌**（autotrophs）も活動している．E. MishustinはWinogradskyの考えを発展させ，上記4つの微生物群の関係を図25のようにまとめた．

3.2.3 細菌群集とコロニー形成曲線

　平板法では，土の細菌の一部しか培養できない．しかし，培地の組成，濃度や培養時間を工夫することによって，土で活動している細菌の多くが増殖しコロニーを形成すると期待される．平板上にコロニーを形成する細菌の群集構造は，**コロニー形成曲線**（colony forming curve; CFC）によって解析できる（2.2.2, 19頁参照）．コロニー数は，図12（23頁）のように何個かのFORモデル曲線を積みかさねた曲線に沿って増えていく．各成分曲線上で形成したコロニーから分離した細菌をグループとしてまとめ，現われた順にそれぞれCFCグループ-I, -II, -III…とする．一般に早い時期にコロニーを形成する細菌（図12では，CFCグループ-Iと-II）は，増殖速度が速く，肉汁培地でも増殖できる高栄養菌が主体である．これに対して，コロニーが遅く現れる細菌（図12では，CFCグループ-III-IV）は希釈した肉汁培地で

しか増殖できない低栄養菌が主体である．系統分類的にも前者と後者は，異なったクラスターを形成する．

平板培養を2000時間以上に延長すると，さらに新しいコロニーが形成され，新しい成分曲線が出現する．

3.2.4 森林，草地，畑，水田の微生物群集

わが国のおもな土壌は森林，草地，畑，水田の土である．

1）畑，水田

森林や草地と違って，畑と水田では植物は短期間に生育，収穫が行われ，そのたびに土の耕起がくり返される．そのため，自然に成立する植物-微生物-土壌動物の密接な関係は乱され，不安定な三者関係が生まれている．

こうした畑，水田の微生物群集の特徴は，①森林や草地にくらべ糸状菌（とくに植物根と共生的な菌）の比重が下がり，細菌の比重が高まる．②糸状菌では，sugar fungi と呼ばれる腐生菌や植物寄生性の *Rhizoctonia* や *Fusarium* などがふえ，作物病を頻発させる．③細菌では放線菌，硝化菌，脱窒菌などの数がふえる．また火山灰土（火山灰を多く含む土）では，畑，水田ともに，非火山灰土にくらべて細菌にしめる放線菌，嫌気性菌の割合が高い傾向がある（石沢，豊田，1964）．

水田では，イネが成長する初夏から成熟する初秋にかけ，盛夏時の中断をはさみ田面に湛水される．湛水条件では，大気酸素の内部への拡散が困難となるので，表層の薄い（数ミリメートルの厚さ）酸化層とその下の還元層に分化する．一方，イネは葉面から吸収した大気酸素の一部を根から放出し，水田内部は嫌気部位，好気部位が入り乱れて共存することになる．こうした事情を反映して好気性菌，嫌気性菌，通性嫌気性菌が活動を展開する．また低栄養菌の比重は畑では高栄養菌の5割前後であるのに対し，水田では9割前後となる．

2）森林，草地

森林土では，糸状菌を含む菌類が大きな役割を演じている．糸状菌の菌種リストは，広葉樹林，針葉樹林，針葉・広葉混合林などで異なる傾向がある．

3.2 土の微生物群集 （ 49 ）

また落葉分解にともなって分化したL層，H層，F層の間でも菌種は変化する（コラム12,78頁参照）．森林土には大量の菌根菌が存在する．畑，水田と違って，森林では腐朽材の分解に関与する糸状菌や担子菌類，植物，動物に寄生するキノコの存在が顕著である．

わが国の草地の多くは人工的に造成されたものである．森林と同じように，植物，動物と共生または寄生を営む糸状菌（おもに担子菌類）が多い．シバなどの草地に菌輪（fairy ring：キノコが円を描くように発生したもの）をつくることもある．表層に枯死した植物根などの有機物が蓄積されたルートマット層がある．微生物数はこのマット層に圧倒的に多い．

3.2.5 気候帯，土地高度による微生物群集構造の違い

E. Mishustinらは旧ソ連領内で局地から亜熱帯にいたる北半球の広大な地域での微生物分布を調べた（1968）．図26は，その調査結果の一部を図解し

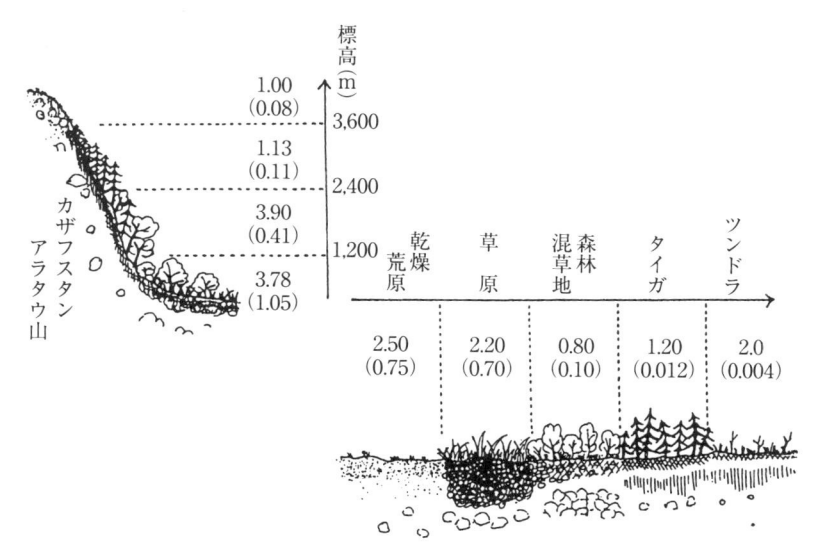

図26 微生物の気候帯分布と高度分布
乾土1グラム当たりの細菌数と細菌胞子数（カッコ内）とを示した．単位は×10^6
（E. Mishunstin 1968による）．

たものである．細菌数や細菌胞子（大部分が*Bacillus*菌）の比重が，南から極へ，低地から高地へ，植生の変化と並行して規則的に変化している．

一方，M. J. Swift ら（1979）によれば，土壌生物群集構造も，北から南に向け規則的に変動する傾向が見られるという．その内容を図27に図解した．

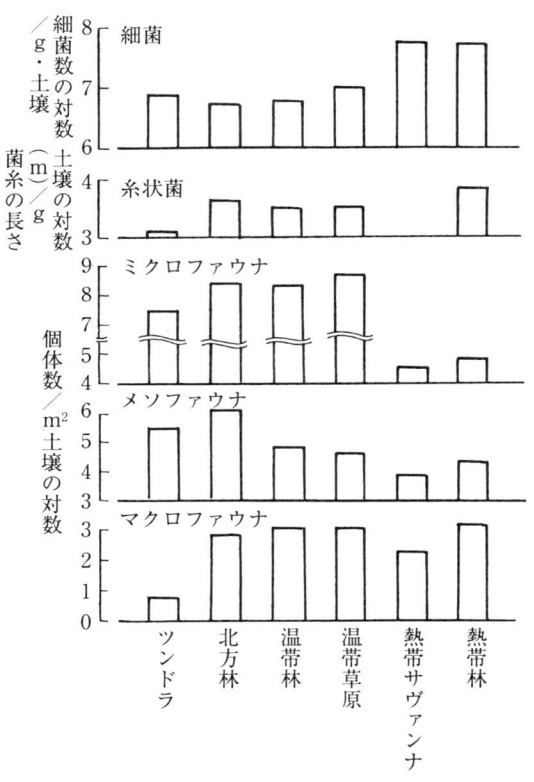

図27　地球上の主な気候帯における土壌生物構成の目安
　　　（M. J. Swift ら，1979のまとめを基礎にした．）

4. 植物と土の微生物

　植物は光合成産物を根から分泌し，地下部の様々な生物に供給し，かれらの生活を支えている．一方，微生物は植物根から有機物を受けとる同時に，植物生育に様々な影響を与えている．ある種の微生物は，植物との間に共生というより親密な相互関係を築き，厳しい環境中での植物生育を可能にしている．また，他の一部の微生物は寄生性を高め，病原性を獲得する方向で進化してきた．本章では，土における微生物と植物の関係について考える．

4.1 微生物-植物の活発な相互作用の場，根圏

　植物の根の表面（根面；rhizoplane）や根の周りの土（根圏；rhizosphere）では，植物から供給される有機物を利用して，細菌，糸状菌，原生動物が活発に活動している．根圏の微生物密度は根圏外の土（非根圏）よりもはるかに大きい．地上部の生物代謝は光合成中心で独立栄養的である．これに対して地下部の生物代謝は，多様な土壌生物間の食物連鎖が主体で従属栄養的である．植物根は地上部と地下部とをつなぎ，地下生態系の重要な駆動力となっている．

　一方，根面および根圏における微生物，土壌動物の活動は，根の伸長や植物の生育に大きな影響を及ぼす．植物と微生物の間には，栄養物の授受だけでなく，シグナル物質によるより特異的な相互作用のあることが，最近明らかになってきている．

4.1.1 根から土壌に分泌される有機物
1) 根から分泌される有機物量

　根から土へ分泌される有機物の量は，ラジオアイソトープを用いて測定することができる．その量は植物の種類や環境条件によって異なる．D. Barber (1976) によれば，植物が光合成により固定した炭素のうち約半分が根に送られる．送られた有機物のほぼ半分が，根の成長や活動のために消費さ

4. 植物と土の微生物

れ，残りは様々な形で土壌中に分泌される．一方，J. Lynch（1990）は，植物が生産する有機物の40％以上が土壌生物の基質となったと報告している．根からの分泌のほかに，植物と共生している菌根菌へも有機物が供給されている．これらを総合すると，植物が固定した炭素の半分近くが，根で微生物を含む土壌生物によって消費されていると推定される．一方，根は成熟後，老化し，皮層が剥離される．最終的に根は枯死して土の有機物となる（図28）．

2) 分泌物の化学組成

新しく伸張している根では，根の先端（根冠という）のすぐ後ろの伸張帯から，有機物が分泌される．分泌物には，アラビノース，ガラクトース，グルコース等の糖類や，リンゴ酸，コハク酸等の有機酸，アミノ酸，フェノール類，ビタミン等の水溶性低分子物質のほか．ムシレージ（mucilage）と呼ばれる高分子物質も含まれる．ムシレージは多量の糖と少量のアミノ酸が結合した複雑な構造をもつ．糖成分はガラクトース，アラビノース，フコースなどで，複雑で多様なグルコシド結合で結ばれている．

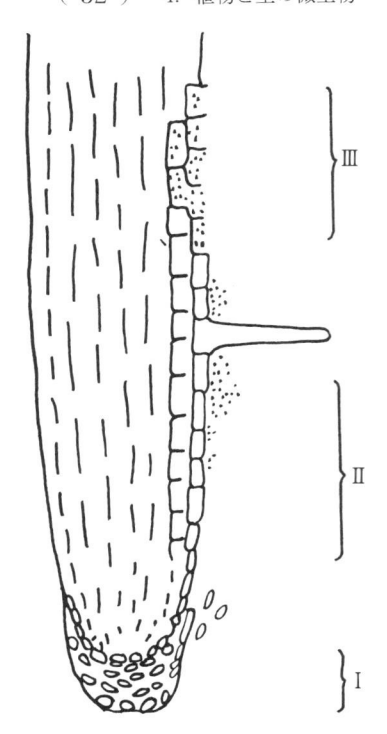

図28 根の部位と細菌の増殖
（I）根冠はムシレージと呼ばれる粘液物質に包まれており，根の伸張とともに細胞が離脱してくる．（II）低分子化合物や粘液物質が分泌され，これらを基質として微生物が増殖する．（III）根の旧い部分では表皮細胞や皮層の一部までもが壊れて，細菌が侵入している．

ムシレージは主として根冠細胞から分泌され，根の若い部分の表面でバイオフィルムを形成しながら周囲の土に拡散していく．土では土壌粒子と混ざり合って鞘状になる．ムシレージは根端が土壌中を伸張していくときの潤滑油の働きをもする．トウモロコシでは，根から分泌する有機体炭素の約25％

がムシレージであったという報告がある.

4.1.2 根圏に生息する微生物

根圏には，根から遊離してくる有機物を利用する微生物が増殖している．単糖や有機酸，アミノ酸は多くの微生物が利用できるが，こうした物質の濃度勾配を感知して分泌源である根の方向にいち早く進む**走化性**（chemotaxis）を示す細菌は，根圏で有利に増殖することができる．（de Weert Vermeiren, 2002)．一方，多様な糖加水分解酵素を生産してムシレージを分解し，炭素源として利用できる細菌も，競合に打ち勝ち優位に増殖する（E. Knee, 2001)．根圏は，このような細菌が特異的に増殖しており，根圏外とは異なる微生物群集となっている．

分泌される低分子化合物の種類やムシレージの構造は，植物種により異なる．また同じ植物の根でも部位によって，これらの分泌物は異なる．したがって，根圏微生物フロラは植物の種類や栄養状態，根の部位，土壌の種類や環境条件等に大きく依存する．

4.1.3 根圏の植物日和見感染菌

植物の根圏には，ヒト日和見感染菌である *Burkholderia, Enterobacter, Herbaspirillum, Ochrobactrum, Pseudomonas, Ralstonia, Staphylococcus* および *Stenotrophomonas* などが貯蔵されており，そこには多剤耐性菌が含まれているという（G. Berg, 2005)．

4.1.4 根圏における植物と微生物，原生動物の相互関係

1) 栄養物の授受を通じた関係

植物は，微生物が活発に活動している根圏を通して，養分を吸収する．したがって根圏における微生物の動態とそのバイオマスは，植物生育に大きな影響を及ぼす．

根圏では，植物根から分泌される有機物を利用して細菌が増殖するが，この過程で土の窒素，リン等も細菌に吸収される．細菌に取り込まれたこれら

の栄養物は，原生動物や線虫が細菌を捕食する過程で一部は原生動物，線虫のバイオマスとして取り込まれ，残りはおもに無機体として土に放出される[13]．このように根圏の原生動物は，窒素やリンの無機化を促進し，植物による窒素やリンの吸収量を増し，植物生育を促進する．

一方，菌根菌は土のリン酸を効率的に吸収して植物に供給する．ある種の細菌は，有機酸等のキレート物質やフォスファターゼを産生し，植物のリン酸吸収を促進させる．

また，根圏には窒素固定菌が生息している．光合成効率の高い熱帯の牧草やトウモロコシ，サトウキビでは，植物根の皮層内に多数の窒素固定菌が生息し，植物に窒素を供給していると考えられている．

2) 植物ホルモン，ビタミン

根圏における植物‐微生物‐原生動物の間には，養分をめぐる関係だけでなく，特異的な物質のやりとりもある．たとえば，多くの根圏細菌はオーキシン等の植物ホルモンを生産して植物の根の形態を変化させたり，根の量を増大させたりする．窒素の無機化過程で生成する硝酸イオンも，根に対して同様な効果を示す．根に対するこの効果は，根圏微生物にも，直接・間接的に影響を及ぼす．一方，植物根からも各種ビタミンが分泌され，微生物によって利用される．

4.2 葉面微生物

大気にさらされている植物の葉は，温度や湿度が激しく変化し，紫外線が降り注ぐなど，微生物の生息には厳しい物理的環境にある．また，葉面にすむ微生物の基質となる炭水化物，有機酸，アミノ酸等の有機物は，ごくわずかしか葉から供給されていない．葉面では，こうした厳しい環境に耐えて，種々の原核および真核微生物が生息している．

---

[13] こうした植物‐微生物‐原生動物の3者の関係を，土壌中の微生物ループと呼ぶ．

4.2.1 葉面細菌と色素生産

葉面細菌の多くが色素を作るが，これは紫外線に対する耐性と関連するらしい．葉面細菌はまた，紫外線によるDNAの損傷に対する修復能を備えている．ある種の葉面微生物はバイオフィルムを形成して生育しており，そうした個体群は乾燥ストレスに対して強く，個体群数は生育期間を通じて安定している．

4.2.2 葉面の窒素固定菌

葉面には窒素固定菌が存在する．しかし，葉面の窒素固定菌の植物の窒素栄養に対する寄与は，それほど大きくないと考えられる．また葉粒と呼ばれる器官を葉面に形成する細菌がいる．

4.2.3 葉面細菌の生態

葉面では少ない養分をめぐる微生物間の競合のため，病原微生物は容易には定着することができず，結果的に発病の抑止となっている（J. Blakeman, 1977）．

熱帯雨林は湿度が高いため，下層の植物の葉面は微生物の生育に適している[14]．

4.3 植物と窒素固定菌の共生

植物と窒素固定菌の共生は，窒素ガスを利用できない植物と，エネルギー源となる栄養物をもとめる従属栄養窒素固定菌との共存である．マメ科植物と根粒菌の共生はよく知られた例である．その他に，*Frankia*属放線菌やシアノバクテリアは，植物と特異的な共生関係を結んで窒素固定を行う（5.2.1参照）．

---

14) 葉とそれを取り巻く環境を葉圏（phyllosphere），葉面に生息している微生物を葉面微生物（epiphytic microorganisms）という．

4. 植物と土の微生物

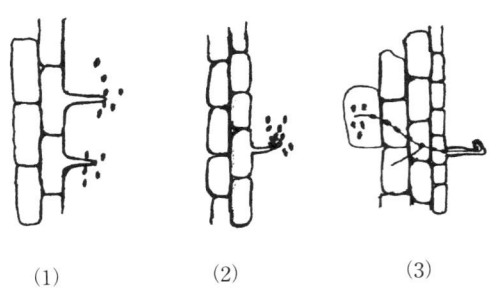

図29 根粒の形成過程
根毛に根粒菌が接着するとカーリングが起こり，感染糸が形成される．感染糸を通って根粒菌が根内へ侵入すると，侵入された細胞は分裂し，根粒菌はバクテロイドとなる．

4.3.1 マメ科根粒菌

ダイズ等のマメ科植物は農業上重要であることから，古くから研究されてきた．マメ科植物と共生関係を結ぶ細菌は，Rhizobiaと総称される．

マメ科植物と根粒菌の共生では，根粒菌が植物の根に感染し，新しい器官である根粒が形成される（図29）[15]．

根粒形成の初期過程は，マメ科植物と根粒菌の間の特異的なシグナル物質の交換により進行する（図30）．

1）植物のフラボノイドによる根粒菌のnod遺伝子群の活性化

根粒菌は根粒形成に関与する遺伝子群（**nod遺伝子**と呼ばれる）を有しており，構造は全て解明されている．それらの遺伝子群の発現を制御しているのは，制御遺伝子nodDである．nodDは構成的に発現しており，その結果，根粒菌は常に制御タンパク質NodDを菌体内に有している．一連の過程の引

コラム9　共生窒素固定と協調的窒素固定，エンドファイト窒素固定

イネ，トウモロコシ，コムギ等の根圏には窒素固定菌が生息し，窒素栄養を植物に供給している．この場合，植物と窒素固定菌は"ゆるい"共生関係にあると考えられ，協調的窒素固定と呼ばれている．この他に，植物の根，葉，茎の細胞間隙や導管の内部に生息して窒素固定を行っている細菌がいる．これらは，協調的窒素固定と区別する意味で，エンドファイト窒素固定菌と呼ばれる．マメ科根粒菌やFrankia属放線菌の場合には，植物と窒素固定菌の関係がきわめて特異的であり，植物体内に共生のための特別の組織を作って窒素固定を行っている．その点で，協調的窒素固定やエンドファイト窒素固定とは区別され，注目されている．

---

15) マメ科根粒菌は長い間Rhizobium属にまとめられていたが，現在ではProteobacteriaのα-subdivisionに属するRhizobium, Bradyrhizobium, Azorhizobium, Sinorhizobium, Mesorhizobiumの5属の他に，β-subdivisionの細菌からも根粒形成能が見つかっている．

4.3 植物と窒素固定菌の共生 （ 57 ）

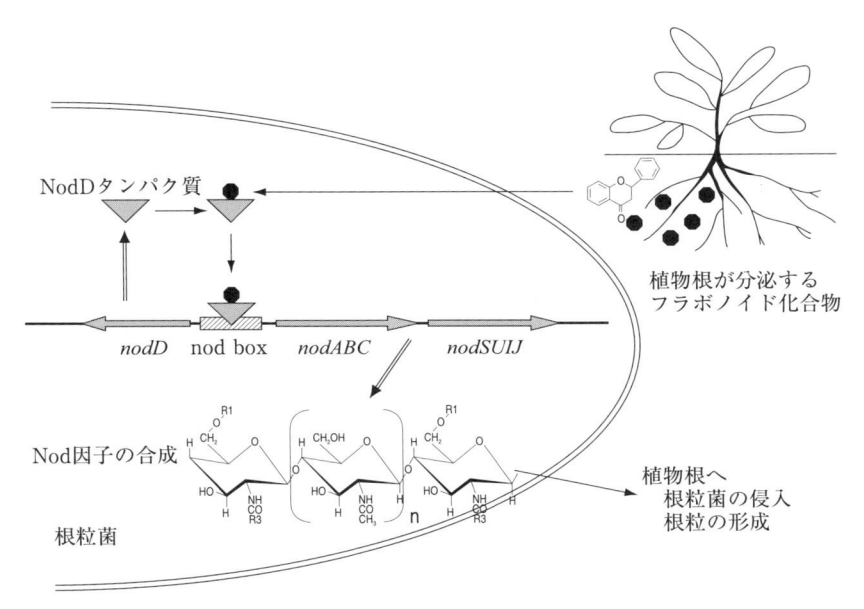

図30 根粒形成初期過程における植物-根粒菌間のシグナル物質の交換
　根粒菌の根粒形成遺伝子群（*nod*）の発現を制御しているNodDが，植物が生産して根圏に遊離してくる特異的なフラボノイドと結合すると活性化され，nod boxと呼ばれるプロモーター配列に結合し，*nod*遺伝子群の発現を誘導する．その結果，Nodファクター（因子）が生産され，植物根に作用して根粒菌の侵入と根粒形成が開始される．

き金となるのが，植物が生産して根圏に遊離してくる特異的なフラボノイドである．フラボノイドは根粒菌内のNodDと結合し，NodDを活性化する．活性化されたNodDは，*nod*遺伝子オペロンの中のnod boxと呼ばれるプロモーター配列に結合し，*nod*遺伝子群の発現を誘導する（V. Rhijn, 1995）．

2）根粒菌のNodファクターの生産

　誘導される*nod*遺伝子には，Nodファクターと呼ばれる物質を作る遺伝子が含まれる．Nodファクターは，N-アセチルグルコサミンがβ-1, 4結合で3〜5個連なった構造を共通骨格にした，リポオリゴサッカライドである．*nod*遺伝子のうち，common *nod*と呼ばれる*nodABC*はNodファクターの共通骨格の形成に，宿主特異的*nod*遺伝子はアセチル化，デアセチル化，硫酸

化，メチル化等によるNodファクターの修飾や，Nodファクターの輸送に関与している．

3) 根粒菌の植物根内への侵入と根粒形成

宿主植物はNodファクターに遭遇すると，根毛の変形を引き起こし，感染糸を通って根粒菌が根に侵入する．Nodファクターはまた，ノジュリン（nodulin）と総称される植物の遺伝子の発現を誘導する．その結果，一部の皮層細胞の細胞サイクルを活性化し，根粒原基を形成する．

4.3.2 *Frankia* 属放線菌

Frankia は，ヤマモモ，アキグミ，ヤシャブシ等の非マメ科の植物の根に根粒を形成し，窒素固定を行う（図31）．植物と共生的窒素固定を行うという点ではマメ科植物の根粒菌と共通しているが，マメ科の根粒菌がグラム陰性の複数の属の細菌からなるのに対し，*Frankia* はグラム陽性の放線菌のひとつの属にまとめられる，系統的に狭いグループの菌といえる．マメ科根粒菌は培地での分離・培養が容易であるが，*Frankia* は培地上での生育が極端に遅く，分離・培養は困難である．また *Frankia* は，一般に炭水化物やタンパク質，澱粉を分解せず，有機酸等で生育が良好になる．マメ科植物の根粒菌は近縁の細菌（非根粒菌）と同程度に腐性的である．これに対して，*Frankia* はもっぱら植物と共生する形で進化してきたと考えられる．

図31 *Frankia* のつくる根粒

4.3.3 地衣類

地衣類（lichens）は，糸状菌と藻類の共生体である．共生する両者の種特異性は低い．岩の表面，裸地の表面，家の屋根などに生息している．藻類は光合成を行い，有機物を糸状菌に供給している．他方，糸状菌は水や無機養分を吸収し，乾燥に弱い藻類を乾燥から守っている．また，糸状菌は，足場として働くことによって共生体を風や雨から防御し，結果として地衣類は，

土壌浸食を防止する機能をもっている．

4.4　菌根菌

　健全な植物の根にも糸状菌が感染していることが発見され，これに対し**菌根**（ミコリザ，mycorrhiza）という名前がつけられたのは19世紀末のことである．植物が地上に進出して以来，植物と菌根菌は共進化を遂げ，その結果，大多数の植物が菌根を形成する．

　菌根は植物の根をさらに土壌中に張りめぐらす効果をもたらし，植物が土からのリン酸，窒素などの栄養塩や，水分を吸収するのを助ける．リン酸の吸収効果は大きい．多くの場合，菌根菌は植物から炭素化合物を供給される．栄養の乏しい土壌条件下での植物の生育は菌根によって助けられる．一方，豊富な栄養条件では，菌根の菌類は植物に対して寄生的になる．

　共生のメカニズムに関しては，培養困難な菌が多いこと，菌，植物ともに種類が多く，宿主特異性も複雑であるため，研究は進んでおらず，不明な点が多い．

　菌根にはいくつかの種類があるが，ここでは，代表的な菌根について，説明する．

4.4.1　アーバスキュラー菌根（**AM: arbuscular mycorrhiza**）

　アーバスキュラー菌根[16]は，宿主細胞内に菌糸が侵入する内生菌根（endomycorrhiza）の一種である．宿主内に侵入すると菌糸をのばし，皮層細胞内にアーバスキュール（arbuscule，樹枝状体）と呼ばれる吸器を形成することから，アーバスキュラー菌根（AM）と呼ばれる（図32，33）．

　AM菌根は，菌根の中で最も古く，植物の4億年以上にわたる陸上での進化の歴史の中で共生関係は維持され，共に進化してきたと考えられる．

---

16) 樹枝状体（arbuscule）とともにベシクル（vesicle，のう状体）と呼ばれる器官を作ることから，VA菌根と呼ばれることもあるが，ベシクルは必ずしも形成しないため，アーバスキュラー菌根と呼ぶことが多い（図33参照）．

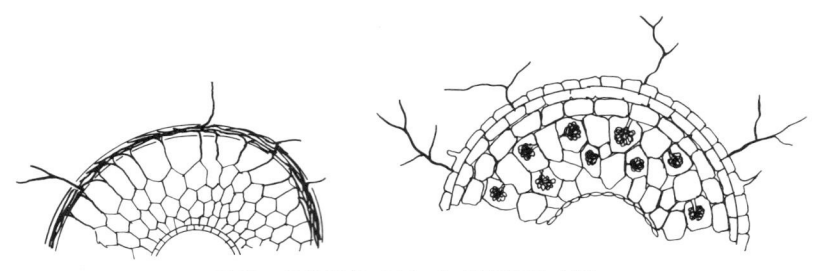

図32　外生菌根（左）とAM菌根（右）

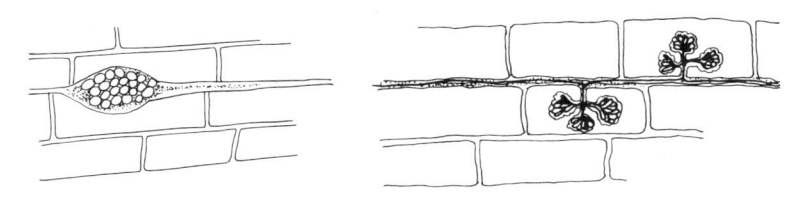

図33　vesicle（左）とarbuscule（右）

1) 生態

　コケ植物からシダ植物，裸子植物，被子植物まで，陸生の80％以上の植物種にほとんど普遍的に存在する，最も一般的な共生関係である．地理的な傾向としては温暖帯から熱帯に多く，寒帯には少ない（M. Allen, 1991）．

　AM菌根菌は土壌中に遍在しており，植物が発芽し土壌に根を伸ばすとすぐに菌が侵入する．その結果，植物は菌糸のネットワークに組み込まれ，土壌から効率よく養分を吸収することができる．根に侵入した菌は細胞間隙に菌糸を伸張させ，そこから分岐して皮層細胞内に侵入する．

2) 共生の特性

　AM菌根菌は，接合菌類の中のGlomales目に属する，共通の祖先から由来すると考えられる菌群であり，外生菌根にくらべると限られた種類である．一部の種では胞子を発芽させ，菌糸を伸ばすことができるが，長い試みにもかかわらず，純粋培養は未だに成功していない．宿主特異性は低く，一度に複数の種が侵入していることがしばしばある．セルロースは資化せず，宿主

から供給される単純な炭水化物を利用していると考えられる.

マメ科植物の研究から，根粒形成とAM菌感染の両方に影響する植物の変異体が多く取られており，原因遺伝子が単離されつつある．AM菌の感染に関して，少なくとも一部は宿主側が制御しており，根粒形成の制御と同じメカニズムが働いているらしい．

4.4.2 外生菌根 （**EM: ectomycorrhiza**）

外生菌根は，主として樹木で見られる．菌は根端を包みこむ菌鞘（fungal sheath，菌糸の鞘）を形成し，根の皮層細胞の間に侵入し，編み目構造（ハルティヒネット，hartig net）となる（図32）．外生菌根菌は担子菌類が多く，その中には子実体であるキノコを形成するものも多い．子のう菌類の中にも外生菌根を形成するものがいる．

1) 生態

外生菌根は特に寒帯林や温帯林で発達しており，モミ，ツガ，マツ，カシ，カバ，トウヒ等の樹木のほとんどが外生菌根を形成している．日本の天然林では，表層土壌中の細根の約80％が外生菌根化している例が報告されている．

外生菌根菌はアーバスキュラー菌根菌に比べると宿主の特異性が高いと考えられているが，ひとつの樹木に複数種類の外生菌根菌が侵入する．また，数種の樹木に菌根を形成する菌や，異なる樹種の成木と実生に菌根を形成する菌も多い．このことは，森林内で菌根菌を介して，異なる樹種間や成木と幼木の間で栄養の授受が行われている可能性を示している．すなわち，森林土壌内では菌根菌を介したネットワークが張りめぐらされ，同種や異種の樹木が相互に連結し，樹木集団内で炭素化合物やミネラルの移動が行われている．また，成木から実生への光合成産物の移動も確認されており，菌根は森林の社会構成や更新と深く関わっている（S. Simard, 1997）．

草原，乾燥地の荒廃土壌等に植林する場合には外生菌根は必須であり，苗床や植樹時に，接種が行わることもある．外生菌根菌の侵入の分子メカニズムは，よくわかっていない．

4.4.3 エリコイド菌根 （ericoid mycorrhiza）

エリコイド菌根は内生菌根の一種で，ツツジ科などに見られることからツツジ型菌根とも呼ばれる．皮層細胞内にコイル状の菌糸を形成するだけという単純な構造をしており，このため宿主と菌の間の効率の良い養分の移動を可能にする．エリコイド菌根菌は，子のう菌類である．

1) 生態

ヒースはEricaceae科の低い灌木状の植物で，低温地帯の，酸性で養分に乏しく腐植に富む土に生育している．ヒースランドと呼ばれるこうした土におけるヒースの生育には，菌根が必須である．共生関係が成立すると菌は細胞外加水分解酵素を大量に生産し，ヒース土の複雑な有機物を分解して窒素を遊離し，植物に供給する．外生菌根菌にくらべると，エリコイド菌根菌は宿主細胞とより密接な関係を結んでいるといえ，ヒース土に限られた種類の植物しか生育していないのはこのためである．

氷河期にはヒース地帯は地球上に広まっており，この型の菌根菌も宿主と共に広く分布していたと考えられる．

4.4.4 ラン型菌根 （orchid mycorrhiza）

1) 生態

ランは環境中では菌の感染無しに成長することができない．発芽後の初期の生育では，ランの細胞分裂は菌が感染するまで止まっており，発芽して生育できない．このため，感染は幼植物が光合成を開始する前の，成長している胚芽の段階でおこる．菌根菌は宿主の皮層細胞内に菌糸のコイルを形成し，高密度に生育している．

この型の共生関係を結んでいるのは担子菌類の仲間で，腐生能力が高い．中には，他の植物に対して病気を引き起こす菌がランとは菌根を形成し，共生関係を結んでいる場合がある（D. Smith, 1987）．

2) 生理

多くの菌根では植物が菌に炭素化合物を供給しているが，ラン型菌根では，ランが光合成を開始する前の段階では，菌が植物に，環境中のセルロー

ス等を分解した炭素化合物を供給している．葉緑体を持たない種類のランでは，生涯を通じて菌が植物に炭素源を供給している．この意味では，植物が菌に強く依存しているといえる．

4.5 エンドファイト

一生，あるいはそのほとんどを植物体内で過ごす糸状菌や細菌を称して，**エンドファイト**（endophyte）と呼ぶ．

ライグラス，ウシノケグサ（fescue）等の牧草に侵入する糸状菌のエンドファイトが古くから知られている．共生している菌は子のう菌類のClavicipitaceae科に属し，絶対寄生性である．共生菌は毒性のあるアルカロイドを生産し，宿主を草食動物から守っている．この場合，感染により宿主の生残，生育，他の種との競合力が増すが，同時に宿主の種子の生産力は低下する．植物の種子も菌に感染しており，次の世代へと垂直伝播される．

細菌のエンドファイトのうち，木部に生息している窒素固定菌については，その役割に関する研究が行われている（J. Doebereiner, 1993）．

植物と共生関係を結んでいる微生物のうち，すでに検出されたのは一部であり，未解明の共生関係は数多いと考えられる．

4.6 *Agrobacterium* による根頭癌腫

4.6.1 根頭癌腫の形成過程

Agrobacterium は *Rhizobiacae* に属する代表的な土壌細菌で，様々な植物に根頭癌腫（*A. tumefaciens*）や毛状根（*A. rhizogenes*）という異常な組織を形成させる病気を引き起こす（図34）．これらの腫瘍は *Agrobacterium* により一旦誘導されると，菌が存在しなくても増殖を続け，オパイン（opine）と呼ばれる一群の特殊なアミノ酸誘導体を生産する．

図34 根頭癌腫（左）と毛状根（右）

一連の過程は，*Agrobacterium* が植物の損傷

4. 植物と土の微生物

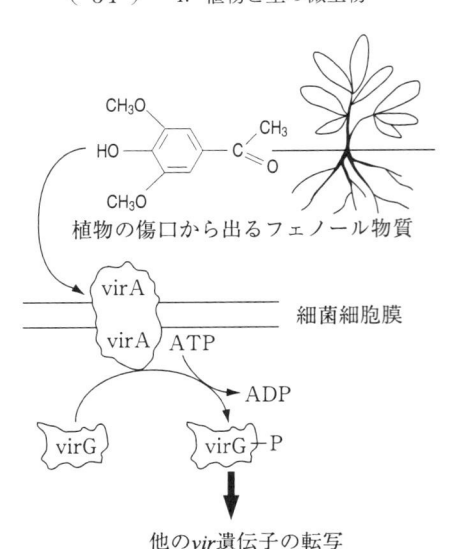

図35 *Agrobacterium* の *vir* 遺伝子群の誘導.
T-DNAの植物染色体への転移を担っている, Tiプラスミド上の*vir*遺伝子は, 植物が生産するアセトシリンゴン, *p*-ヒドロキシ安息香酸, バニリンのような低分子フェノール性物質によって誘導される.

部位に接着することから始まる. この過程には, 植物と*Agrobacterium*の表層の相補的なレセプター分子が関与している. 接着すると, *Agrobacterium*はセルロースの微少繊維を合成して自らを損傷部位につなぎ止め, その結果*Agrobacterium*の大きな集合体が形成される.

1) プラスミドの役割

A. tumefaciens は Ti プラスミド, *A. rhizogenes* は Ri プラスミドと呼ばれる大型のプラスミドを, それぞれ保持している. *A. tumefaciens* が植物に感染すると, プラスミド上のT-DNAと呼ばれる領域が植物に転移し, 染色体に組み込まれる. T-DNA上には腫瘍(Riプラスミドでは毛状根)を形成させる遺伝子と, オパイン生産遺伝子の少なくとも一部が存在する.

T-DNAの植物染色体への転移を担っているのは, 同じプラスミド上の*vir*遺伝子である. *vir*遺伝子の発現は, 植物が生産するアセトシリンゴン, *p*-ヒドロキシ安息香酸, バニリンのような低分子フェノール性物質によって誘導される. *vir*遺伝子は, T-DNAにニックを入れるヌクレアーゼや, 一本鎖となったT-DNAに結合して植物細胞へと輸送するタンパク質, *Agrobacterium*の膜に存在して細菌から植物への一本鎖DNAの移動を媒介するタンパク質等をコードしている (図35).

オパインはT-DNAの形質転換を受けた植物細胞が生産し, *Agrobac-*

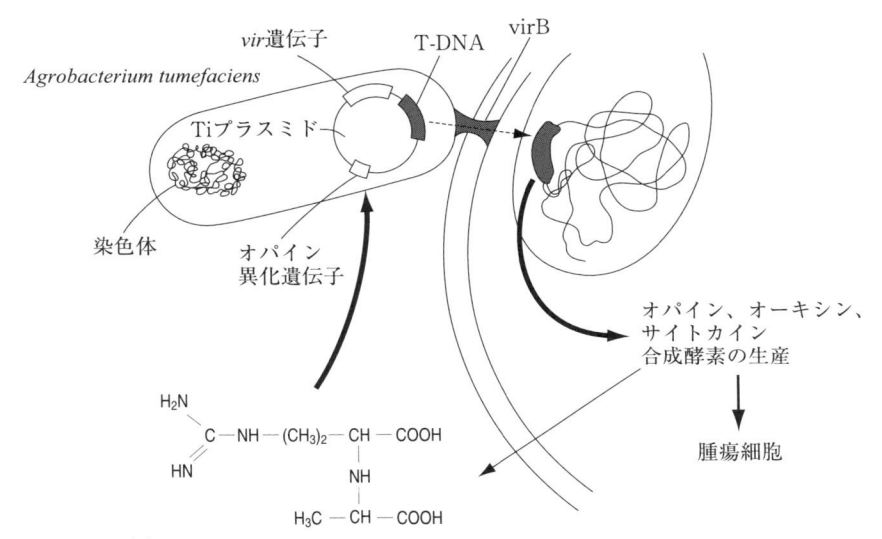

図36 *Agrobacterium* からの T-DNA の転移と根頭癌腫の誘発

terium の炭素源と窒素源になる．この意味では，*Agrobacterium* は，自らの遺伝子を転移させて根頭癌腫を引き起こすことによって，植物を自らの基質を生産する工場として利用しているといえる．

4.6.2 *Agrobacterium* を用いた植物への遺伝子導入

Agrobacterium の DNA の転移のメカニズムが理解されると，このシステムは植物への外来遺伝子の導入に使えることが明らかとなった（図36）．Ti プラスミド上の T-領域は，短い不完全な逆向きくり返し配列に囲まれている．この両端の配列を，境界（border）という．このうち，右側の境界さえあれば，境界に挟まれた内部の配列とは関係なく，植物の染色体への転移が起こる．また，*vir* 遺伝子と T-領域は，別々のプラスミド上にあっても機能する．このことを利用して，バイナリーシステムと呼ばれている，2つのプラスミドを用いた植物への人為的な遺伝子の導入が行われている．すなわち，ひとつのプラスミドは T 領域の境界の配列を持ち，この中に植物に導入したい任意の遺伝子を組みこむ．大腸菌内で調製したこの組み換えプラスミドを，*vir* 遺伝子を持つプラスミドをすでに保持している *Agrobacterium* に接

合伝達させる．このように調製した*Agrobacterium*を植物に感染させ，目的の遺伝子を導入する．現在，植物への遺伝子の導入の多くがこの方法により行われており，*Agrobacterium*は植物バイオテクノロジーのベクターとして注目を集めている．

*Agrobacterium tumefaciens*と*Sinorhizobium meliloti*は系統的に極めて近く，代謝，輸送，制御系はかなり共通しており，最近になって分岐したことが示されている．

4.7 病原微生物

4.7.1 土壌病害

糸状菌，細菌，ウイルス等によって引き起こされる病気は，しばしば農業生産に深刻な被害をもたらす．病原菌は風邪や水，昆虫により空中を伝播して植物の地上部に感染する場合と，土壌中に存在する病原菌が植物の根やその他の地下部に感染して病気を引き起こす場合があり，後者を土壌伝染性病害という．両者の間に病気そのものの違いはないが，土壌病害の病原菌は宿主がいない条件下でも土の中で腐生的な生活を送り，あるいは耐久体を作って長期間生存できる．そして宿主の根が接近すると，根から分泌される糖やアミノ酸などの栄養物に刺激され，賦活化し，活動を開始する．したがって感染が起こるためには，病原菌が土壌中に存在することが前提であり，地上部の病気のように病原菌が長い距離を移動して大発生するようなことはない．しかし一度発生すると，病原菌が土壌中に存在するため，防除は困難である．

4.7.2 土壌病害を引き起こす微生物

土壌病害は細菌，ウイルス，糸状菌によって引き起こされるが，中でも糸状菌によるものが最も多い．

1) 糸状菌

土壌伝染病の菌類の生活様式は，腐生能力と寄生能力の強さから，分化寄生菌と未分化寄生菌に分けられる．分化寄生菌は絶対寄生菌，または条件に

よっては腐生生活も行う条件的腐生菌と呼ばれ，寄生性が著しく分化して宿主特異性が高く，逆に腐生能力は全く欠くか，極めて弱い．未分化寄生菌は条件的寄生菌とも呼ばれ，腐生能力は強く，他の微生物と競合して有機物を分解して増殖できるが，寄生性の発達・分化は不十分である．したがって寄生できるのは，抵抗性が弱かったり，ストレスで弱った植物であり，寄生する範囲は広い．*Rhizoctonia solani* や *Pythium* spp. はその代表である．

2) 細菌

　土壌病害を引き起こす細菌は，*Erwinia*，*Ralstonia*，*Pseudomonas*，*Agrobacterium* 等に限られる．青枯れ病は，*Ralstonia solanacearum*（以前は *Pseudomonas*）によって引き起こされる．トマト，ピーマンなどのナス科植物のほか，バラ科，マメ科等の多くの植物に感染し，発病させる．*Erwinia cartovora* subsp. *cartovora* は，ハクサイ，キャベツ，タマネギなどの野菜類や，花卉に軟腐病を引き起こす．

3) ウイルス

　土壌伝染性ウイルスは主として線虫や菌類により媒介されるが，タバコモザイクウイルス等は媒介生物なしに伝搬される．

4) 植物の防御反応

　植物の根は種々の抗菌物質を生産し，微生物の侵入から防御している．こうした抗菌物質に対して抵抗性を有し，さらには植物におけるこれらの物質の生合成・分泌経路を遮断する阻害物質を生産する微生物は，根に侵入し，病気を引き起こす（H. P. Bais, 2005）．一方病原細菌は，根の表面でバイオフィルムを形成することで，植物が生産する抗菌物質の影響から逃れることができる．

5. 土の物質変化と微生物

土の微生物は諸物質に様々な化学変化をおこし，土圏やこれと接する大気圏，水圏，地下圏の間の元素循環に中心的役割をはたしている．植物は，微生物の生産物を栄養物として生育する．また，落葉，枯れ枝として地表に集積した植物遺体は，土壌動物および微生物によって解体，分散され分解していく．分解産物は周囲の土を酸性化したり，還元的にしたりする．また水溶性分解産物には金属原子とキレート結合を形成するものがあり，土壌の金属成分を溶脱し，下層に運び沈着する．このような過程が数百年，数千年と繰り返され，土の断面が層状に分化しそれぞれの土に特有の構造が形成される（コラム12参照）．

この章では，炭素，窒素などの元素とその化合物の微生物変化と土汚染物質の微生物による分解，無毒化について述べる．

5.1 炭素サイクルと微生物

陸上の生態系に存在する炭素は，植物バイオマスとして550 Gt（Gtは10億トン），土壌に1,500 Gtと概算される．一方，大気にはCO_2として750 Gt存在する．大気と陸上生態系の間には，植物および微生物によるCO_2固定（光合成と化学合成），動物・植物・微生物の呼吸と発酵，微生物による生物遺体の分解によって炭素の循環的変化が絶えず進行している．この循環は，化学変化の起こる場が有酸素状態か無酸素状態かで2つの流れに分流する．前者の中心は生物呼吸で，炭素の流れはもっぱらCO_2を経由する．無酸素状態では生物は発酵または呼吸を営み，炭素の流れもメタン（methane；CH_4）またはCO_2を経由する．またバイオマス炭素は難分解性の腐植となって土壌をささえ，さらに泥炭，亜炭，石炭と変化し，地下資源として地中に堆積するルートをももつ．

5.1 炭素サイクルと微生物　(69)

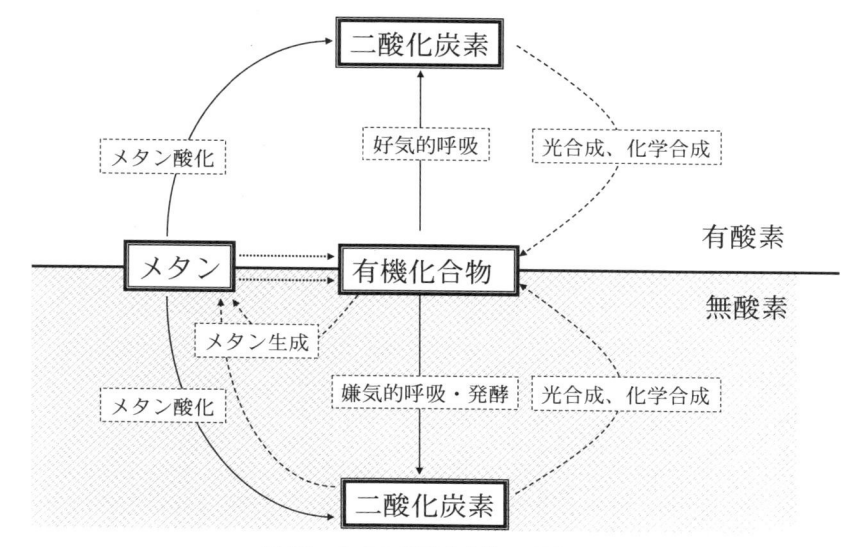

図37　土での炭素化合物の変化.
実線は酸化反応を，破線は還元反応を示す．メタン生成反応以外は，有酸素（上部），無酸素（下部）にかかわらず代替の反応過程が存在する．光合成と化学合成については5.1.1を，好気的呼吸・嫌気的呼吸・発酵については5.1.2を，メタン生成・酸化・同化については5.1.3を参照.

5.1.1　二酸化炭素から有機炭素の合成

　陸生物圏での有機物の合成（**CO_2固定**；CO_2　fixation）は，主に植物が担うと考えられるが，シアノバクテリアなどの**光合成菌**（photosynthetic bacteria）も，光の当たる土表などで光合成を営む．さらに，土には様々な化学独立栄養菌が存在し，光あるいは酸素分子（O_2）の有無にかかわりなく，CO_2から有機炭素を合成する.

1)　光合成菌によるCO_2固定

　光合成菌は，光をエネルギー源として増殖する（2.1.2参照）．シアノバクテリアや緑色硫黄細菌（green sulfur bacteria）は，光合成独立栄養菌である．このうち，シアノバクテリアは植物と同様に水を光合成反応の電子供与体とし，酸素の発生を伴う光合成（oxygenic photosynthesis）を営む．一方，緑色硫黄細菌は光合成反応で酸素を発生しない（anoxygenic photosynthesis）．ま

た，シアノバクテリア以外のほとんどの光合成菌は，独立栄養，従属栄養のいずれでも，硫化水素（H_2S）や水素ガス（H_2）を電子供与体として嫌気条件下で光合成を行う．

2) 化学合成独立栄養菌による CO_2 固定

化学合成独立栄養菌には，CO_2 のみを炭素源とする**偏性化学合成独立栄養菌**（obligate chemoautotrophs）と有機炭素をも炭素源として増殖できる**通性化学合成独立栄養菌**（facultative chemoautotrophs）とが存在する．これらの菌には，水素ガス（H_2），アンモニウムイオン（NH_4^+），亜硝酸イオン（NO_2^-），チオ硫酸イオン（$S_2O_3^{2-}$），硫化水素（H_2S），二価の鉄イオン（Fe^{2+}），マンガンイオン（Mn^{2+}），一酸化炭素（CO），メタン（CH_4），メタノール（CH_3OH）などを電子供与体（還元物質）とするものが知られている．化学合成独立栄養菌の多くは，O_2 を電子受容体として上記の還元物質を酸化して生ずるエネルギーを用いて，CO_2 固定反応を営む．化学合成独立栄養菌は，このように還元物質と酸素の両方を必要とするので，水田の作土層の表面などの，酸化的環境と還元的環境の境目で活動する．他方，一部の化学合成独立栄養菌は，O_2 の代わりに硝酸イオン（NO_3^-）や三価の鉄イオン（Fe^{3+}）などを電子受容体として利用する．これらの細菌は，嫌気的（無酸素）条件下でエネルギーを獲得し，CO_2 固定を行う．

5.1.2 高分子有機物の分解

有機炭素を土に供給するのは主に植物である．植物体に含まれる主要な高分子化合物は，①細胞壁を構成するセルロース（cellulose），ヘミセルロース（hemicellulose），リグニン（lignin），ペクチン（pectin），ペクチン酸（pectic acid），②貯蔵物質であるデンプン（starch），③生体機能を維持するためのタンパク質（protein）や DNA・RNA（deoxyribonucleic acid・ribonucleic acid）などである．

1) 多糖類の構造と分解

土に供給される代表的な**多糖**（polysaccharide）を図38に示した．セルロースは，グルコース（glucose）が β-1,4 結合した高分子（重合度3,000～

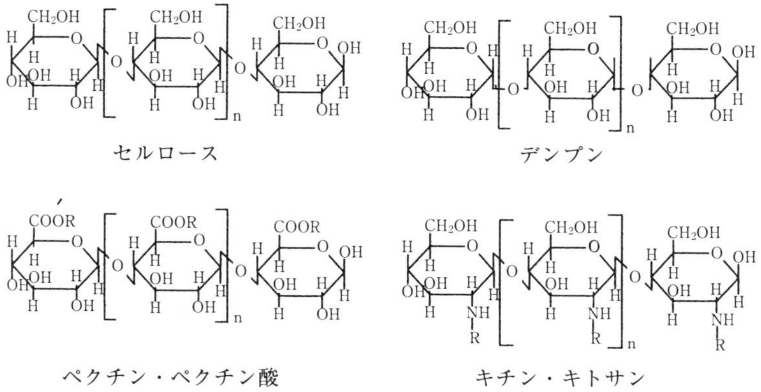

図38 生物遺体に含まれる代表的な多糖類の構造

ペクチン・ペクチン酸では，RのところにHが多いものはペクチン酸，メチル基（-CH$_3$）が多いものはペクチンである．キチン・キトサンでは，Rの位置にアセチル基（-CO-CH$_3$）が多いものがキチン，Hが多いものはキトサンである．これらの多糖を生産する生物や分解酵素については表3と5.1.2を参照．

570,000）で，自然界にもっとも大量に存在する多糖である．ヘミセルロースには，キシロース（xylose）がβ-1,4結合したキシラン（xylan）を基本骨格とするキシログルカンと，アラビノース（arabinose）を基本骨格とするアラビノグルカンが含まれる．セルロースが直鎖状であるのに対し，ヘミセルロースは分岐した構造を持つ．ペクチン酸はガラクツウロン酸が220〜1,200個重合した高分子であり，ペクチンは同じくガラクツウロン酸の高分子であるが多くのガラクツウロン酸がメチル化されている．また，糸状菌の細胞壁や昆虫のクチクラ層に含まれるキチン・キトサンは，セルロースに次いでもっとも大量に存在する多糖であり，それぞれN-アセチルグルコサミンとグルコサミンがβ-1,4結合した直鎖状の高分子化合物である（図38）．

微生物は，これらの多糖をそのまま細胞内に取り込むことはできず，**酵素**（enzyme）による加水分解によって低分子化した後，細胞に取り込み代謝する．表3に示したように，微生物は，それぞれの多糖を加水分解する酵素を細胞外へ分泌し，多糖を低分子化する．これらの酵素は誘導的に生産されるものが多く（コラム10参照），その活性は，微生物の増殖と同様，pH，温度

(72)　5. 土の物質変化と微生物

など様々な環境因子の影響を受けていると考えられる（図39）．加水分解反応は，酸素の有無に関係なく進行する．

表3　生体高分子化合物と加水分解する代表的な酵素

高分子化合物	単量体	生産生物	主要分解酵素	最終分解産物
セルロース	グルコース	植物 一部の細菌	セルラーゼ	セロビオース
ヘミセルロース	キシロース，アラビノース，マンノースなど	植物	キシラナーゼ	キシロビオース
			マンナナーゼ	マンノビオース
ペクチン酸・ペクチン	グルクツウロン酸（ペクチンでは部分的にメチル化されている）	植物	ペクチン酸リアーゼ ペクチナーゼ	オリゴグルクツウロン酸
デンプン	グルコース	植物	アミラーゼ	マルトース
キチン・キトサン	N-アセチルグルコサミン，あるいはグルコサミン	昆虫 糸状菌など	キチナーゼ	N, N'-ジアセチルキトビオース
			キトサナーゼ	キトビオース
タンパク質	アミノ酸	生物全般	プロテアーゼ	ペプチド アミノ酸
DNA・RNA	デオキシリボ核酸・リボ核酸	生物全般	デオキシリボヌクレアーゼ・リボヌクレアーゼ	オリゴヌクレオチド・ヌクレオチド

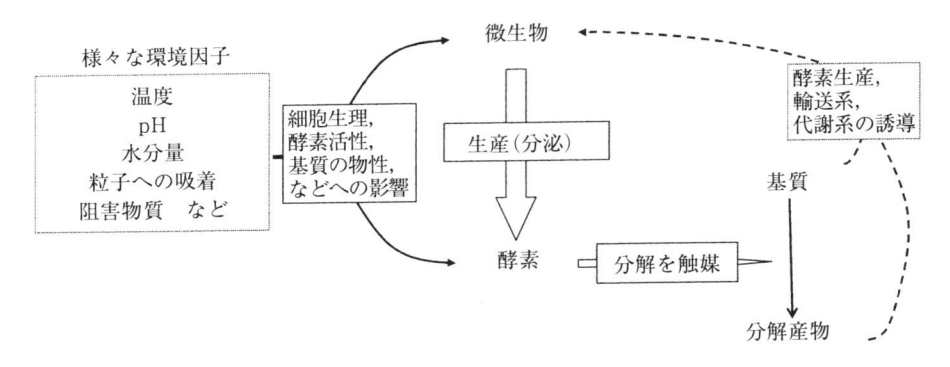

図39　環境因子と微生物・酵素の活性

　温度やpHなどの環境因子は，微生物や酵素の活性，酵素基質の物性に影響を及ぼす．一方，基質や分解産物は，微生物細胞に必要な酵素の生産などを誘導する．土の中では，これらの要素が複雑に相互作用したうえで，有機物が分解されていると考えられる．

コラム10　加水分解酵素の誘導生産はエネルギーの節約

酵素によって反応を触媒される物質を**基質**（substrate）という．土の微生物が生産する加水分解酵素は，基質が存在するときにのみ生産される**誘導酵素**（inducible enzyme）であることが多い．これは，土では栄養源・エネルギー源として利用できる化合物（基質）の種類はその時々で変化しているので，基質が存在しないときに無駄に酵素を生産するのを避けるためであると考えられる．他方，加水分解酵素の基質が環境中に存在していても，その基質よりも利用しやすい物質（グルコースなど）がともに存在する場合には，加水分解酵素の生産は抑制される．これを**カタボライト抑制**（catabolite repression）という．土の微生物は，環境変化に応じて必要な酵素を生産することで，エネルギーを節約しているのである．

2）リグニン分解

植物細胞壁の多糖以外の構成成分のひとつである**リグニン**（lignin）は，ポリフェノールであり，全体構造は未だに決定されていない．図40に，リグニンの部分構造を示した．木材では，セルロースに次いで最も大量に含まれる化合物である．リグニンは，セルロースやヘミセルロースを包み，植物組織を強固に保つ役割を果たしている．したがって植物遺骸のセルロースやヘミセルロースが微生物の分解を受けるには，まずリグニンが分解されることが必要となる．リグニンは，疎水的で，規則的な骨格や結合を有していない．そのため特別の微生物だけが，リグニンを分解することができる．

代表的なリグニン分解微生物として，**白色腐朽菌**（white-rot fungi）と呼ばれる *Basidiomycota* の数属が知られている．リグニンの分解は，酸素の存在下で，ラッカーゼやペルオキシダーゼといった酸化酵素やラジカル物質によって起こる．**褐色腐朽菌**（brown-rot fungi）は，リグニンを部分的に分解し，内部のセルロースやヘミセルロースを分解し，利用する．一部の放線菌がリグニンを分解することが知られているが，放線菌を含め，細菌によるリグニン分解は，白色腐朽菌に比べてわずかであるとされる．また，多くの細菌は，リグニンを構成する低分子芳香族化合物（単環・複環）の分解能を有する．

3）有酸素（好気的）・無酸素（嫌気的）呼吸および発酵による有機物分解

多糖，リグニン，タンパク質などの高分子化合物は，分泌酵素の作用によって，単糖，オリゴ糖，アミノ酸，ペプチドなどの低分子有機物に分解され

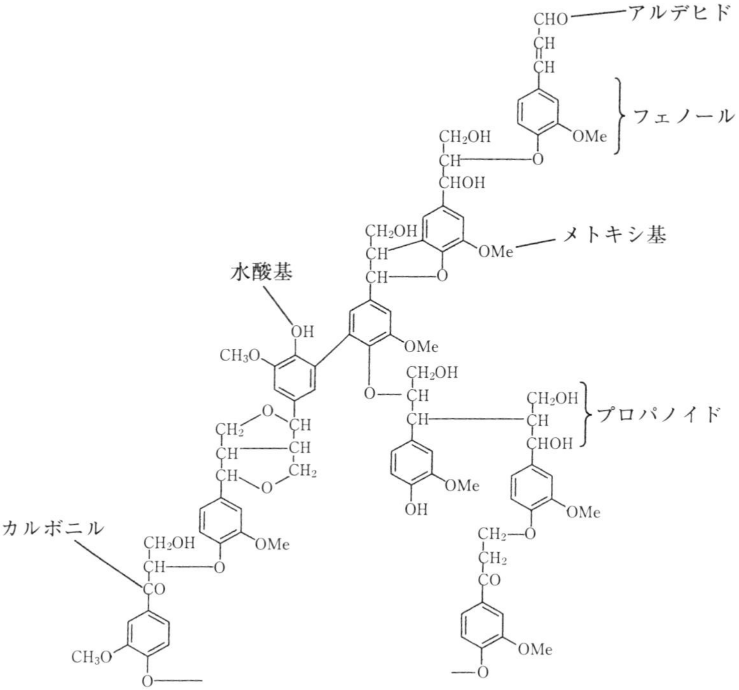

図40　リグニンの基本構造
フェニルプロパノイドを基本骨格として，メトキシ基や水酸基が1-3個置換したものがくり返し立体的に結合している．（E. A. Paul and F. E. Clark, 1989）

た後，細胞内に取り込まれる．取りこまれた有機物は有酸素または無酸素条件下で代謝され，最終的に CO_2 または CH_4 にまで分解される．

①有酸素条件下での分解

　好気性菌や通性嫌気性菌は，O_2 を電子受容体として低分子有機物を，CO_2 にまで酸化する．この過程を**好気的呼吸**（aerobic respiration）と呼ぶ．**クエン酸回路**（または **TCA回路**：TCA cycle）は好気的呼吸の主要な経路であり，1分子のピルビン酸が3分子の CO_2 にまで分解され，15分子のアデノシン三リン酸（ATP）を生じる．

コラム 11　腐植の生成

　腐植（humus，あるいは腐植物質 humic substances ともよばれる）は，単一の物質ではなく，大きさの異なる高分子の混合物である．酸性液，アルカリ性液どちらにも溶けるものは**フルボ酸**（fulvic acid）と呼ばれ，分子量は数千から一万ぐらいとされる．酸性液に不溶で，アルカリ性液に可溶のものは**腐植酸**（humic acid）と呼ばれ，中位の大きさである．酸性液にもアルカリ性液にも溶けないものは**ヒューミン**（humin）と呼ばれ，もっとも巨大だとされる．腐植の生成過程についても，さまざまな議論がある．リグニンが化学的に修飾されて腐植になる，というリグニン理論（lignin theory）が古くからある．一方，糖・ポリフェノール・アミノ化合物・リグニン分解産物などにまで植物遺骸が微生物によって分解された後，アミノ化合物が，糖やキノンとなったポリフェノールやリグニン分解産物と化学的に結合（縮合）して腐植となる，という経路も提唱されている．実際には，図41に示したように，いくつもの経路が腐植の生成に関わっているらしい．

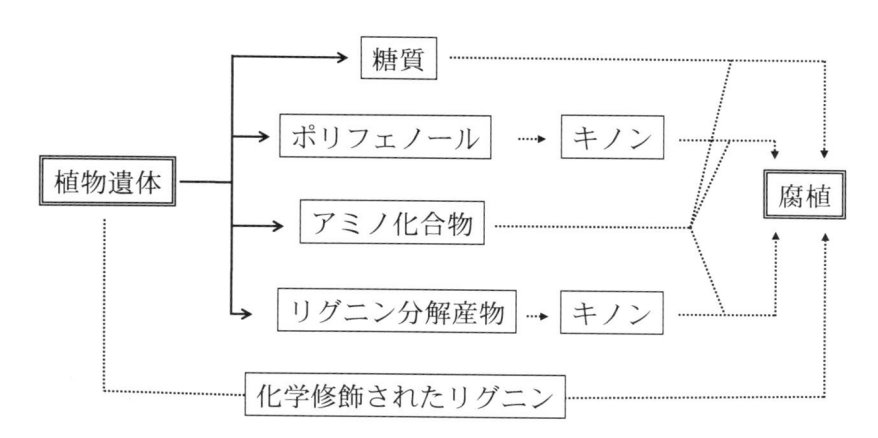

図41　腐植の生成経路

　実線は生物的作用による物質変化を，点線は非生物的な物質変化を示す．腐植の生成には，リグニンが直接的に化学的に修飾される経路と，一度低分子化されてから縮合する経路が提唱されている（コラム11参照）．

②無酸素条件下での分解

i）嫌気呼吸

　多くの嫌気性菌は，酸素以外の物質を電子受容体として，有機物を酸化し分解する．こうした酸化分解を**嫌気的呼吸**（anaerobic respiration）と呼ぶ．

嫌気性菌が電子受容体として用いる物質には，硝酸塩（NO_3^-），硫酸塩（SO_4^{2-}），三価鉄塩（Fe^{3+}），炭酸塩（CO_3^{2-}）などの無機物，および一部の低分子有機物が含まれる．たとえば，CO_2を電子受容体とする嫌気的呼吸に**酢酸生成**（acetogenesis）がある．この反応での電子供与体は水素ガス（H_2）であり，下記の反応式（1）で表される．他にCO_2からメタンを生産する嫌気呼吸がある（5.1.3参照）．また，NO_3^-，SO_4^{2-}，Fe^{3+}を電子受容体とする嫌気的呼吸については，それぞれ5.2.3，5.3.2，および5.4を参照されたい．

$$2CO_2 + 4H_2 \rightarrow CH_3COOH + 2H_2O \qquad (1)$$

ii）発酵

嫌気性菌は，嫌気的呼吸以外にも，**発酵**（fermentation）と呼ばれる代謝経路によって有機物を分解し，ATPを生成する．発酵では呼吸の場合と異なり，電子受容体を必要とせず，有機物自身の分解産物の間で酸化還元反応を行う．発酵の最終分解産物は，有機酸，アルコール，CO_2，H_2などである．代表的な発酵経路である**解糖系**（glycolysis）では，1分子のグルコースは2分子のピルビン酸に分解され，それに伴って2分子のATPが生成される．ピルビン酸は，さらにエタノールや乳酸などに分解される．

5.1.3 メタンの生成と消費

メタン（CH_4）はもっとも単純な炭化水素（hydrocarbon）で，一年に10億トンが微生物によって生産，消費される．CH_4は温室効果ガスとして，地球環境に影響を与える物質としても注目されている（7.1参照）．

1）メタン生成

CH_4は**メタン生成菌**（methanogen）と呼ばれる絶対嫌気性のアーキーが行う嫌気的呼吸（5.1.2参照）によって生ずる．メタン生成反応は，湛水状態の水田土壌などの嫌気的な環境で起こる．メタン生成の基質には，3つのタイプが知られている．①CO_2，ギ酸，一酸化炭素などのCO型，②メタノール（CH_3OH），メチルアミン（$CH_3NH_3^+$），などのメチル型，③酢酸を基質とする酢酸型，である．いずれのタイプの基質も，水素ガス（H_2）を電子供与体として還元される．代表的なメタン生成の反応式を以下に示す．

$$CO_2 + 4H_2 \rightarrow CH_4 + 2H_2O \qquad (2)$$
$$CH_3OH + H_2 \rightarrow CH_4 + H_2O \qquad (3)$$
$$CH_3COO^- + H_2 \rightarrow CH_4 + H_2O_3^- \qquad (4)$$

これらの反応で必要となる H_2 は，有機酸などを発酵する他の細菌（発酵菌）によって生産される．すなわち，メタン生成菌は発酵菌からメタン生成反応に必要な H_2 を供給され，他方発酵菌は，H_2 がメタン生成菌によって消費されることによって，発酵反応を一層進行させることができる．このように単独ではできない物質変化を，2種以上の生物が協力して営む関係を**栄養共生**（symtrophy）と呼ぶ．

2) メタンの消費

CH_4 は，**メタン酸化菌**（methane-oxidizing bacteria）またはメタノトローフと呼ばれる一群の好気性菌によって消費される．これらの細菌は，酸素ガスの存在下で酵素メタンモノオキシゲナーゼ（methane monooxygenase）によって，CH_4 を酸化しメタノールを経て，ホルムアルデヒド（HCHO）を生成する．HCHO には，2つの代謝経路が存在する．ひとつは，ギ酸（HCOOH）を経て最終的に CO_2 となり，この過程で ATP が生産される異化の経路である．いまひとつは，**リブロース・リン酸経路**（ribulose monophosphate pathway）あるいは**セリン経路**（serine pathway）によって有機物が合成される，同化の経路である（図42）．

ところでメタノトローフのなかには，O_2 が存在しない条件下でも，CH_4 を酸化するものがいる（恐らくアーキーに属する菌だと推定される）．こうした酸化を**嫌気的メタン酸化**（anoxic methane-oxidation：略して AOM）という．AOM は，硫酸還元菌あるいは硝酸還元菌とメタン酸化菌との栄養共生によって成り立っている（下記反応式 (5) および (6)）．

$$CH_4 + SO_4^{2-} + H^+ \rightarrow CO_2 + HS^- + 2H_2O \qquad (5)$$
$$5CH_4 + 8NO_3^- + 8H^+ \rightarrow 5CO_2 + 4N_2 + 14H_2O \qquad (6)$$

(78)　5. 土の物質変化と微生物

$$CH_4 \xrightarrow{O_2\ H_2O} CH_3OH \longrightarrow HCHO \longrightarrow HCOOH \longrightarrow CO_2$$

ペントース・リン酸経路
あるいは
セリン経路へ

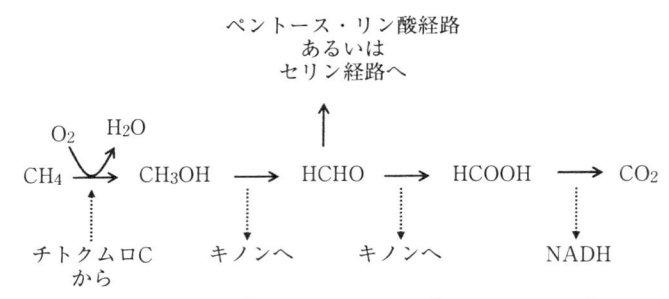

チトクムロC から　　キノンへ　　キノンへ　　NADH

図42　メタン酸化の過程とそれに伴うメタンの同化

　メタン（CH_4）はメタンモノオキシゲナーゼによってメタノール（CH_3OH）に酸化された後，さらに二酸化炭素（CO_2）にまで酸化される．これらの過程で，チトクロムCやキノンの間で電子のやり取りが行われる．ペントース-リン酸化経路かセリン経路を通じて，ホルムアルデヒド（HCHO）が同化される．5.1.3を参照．

コラム12　植物遺体の分解と土壌層位の形成

　土に供給される有機物として最も多いのは植物遺体であるが，土に供給される植物に由来する，葉や枝，樹皮を総称して**リター**（litter）と呼ぶ．地表に落ちてくるリターの量は気候帯や樹木の種類によりさまざまであり，熱帯林では1ヘクタール当たり年に100トン以上にもなるが，寒帯林では数トン程度である．森林土の表層は有機物層で，これはさらにいくつかの層に細分される（図43）．最表層のL層には，落ちてきてまだ新しい，形がまだ残っているリターが堆積している．L層の下がF層で，リターは細かく砕かれているが，まだ形態は識別できる．F層の下のH層になると分解はさらに進み，有機物は無定形になり，葉や枝の形は留めていない．このように，土に落下した有機物は分解されながら時間とともに下層に移動し，土壌の層位を形成していく．

　リターの分解や土の有機物層の発達には，気候や土の養分等の種々の要因が影響を及ぼしている．温度が低く雨量が多い，土の動物や微生物の活動が低い環境では分解は遅く，逆に，それらの生物の活動が活発な場所では分解が促進される．分解速度は，有機物の化学成分や構造にも大きく影響される．針葉樹林のリターは一般に分解が遅いため有機物層が厚く，層位もよく発達している．こうした土を**モル**（mor）という．一方，広葉樹林は分解が早く，短期間のうちに分解を受けて土に混和され，**ムル**（mull）といわれる土になる（図44）．ムル型の土の形成には，土内部にリターを分散させるミミズや土壌昆虫の役割が大きい．

　草地土壌の表層には，牧草などの枯死した有機物が集積し，**ルートマット**（root mat）といわれる牧草根が高密度に存在する部分が形成される．草地では，放牧家畜による踏圧や農業機械の走行によって土壌が緻密化することが多いため，表層は好気的な環境が維持されるがルートマットより下層では酸素量が不足する．

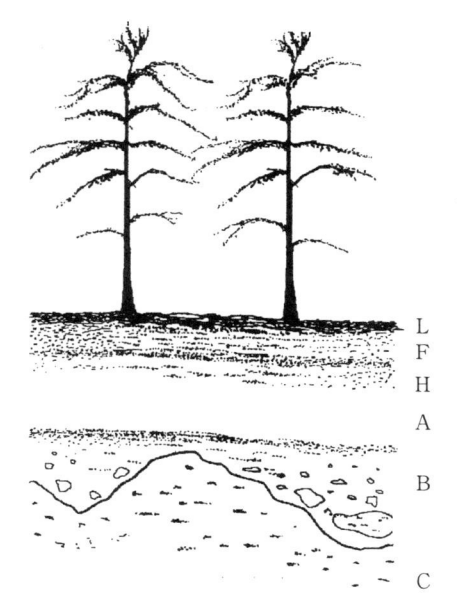

図43 森林土壌の断面図
L層はまだ落ちて新しいリターが堆積しているが，F層，H層になるに従って分解が進み，H層では葉や枝の原型はとどめていない．これらの分解の進行に伴って土壌に層位が形成される．

コラム13　植物遺体の分解と微生物群集の遷移

　植物遺体の分解過程では，分解に関与する微生物の**遷移**（succession）が起こる．葉や根についてみると，それらがまだ健全なときに増殖するのは，葉面（phyllosphere）微生物や根圏（rhizosphere）微生物と呼ばれる一群の微生物である．これらの微生物は植物の種類に特異的で，ときには半寄生的な微生物であり，腐生能力は強くない．有機物が土に入ってくると，*Fusasium* や *Trichoderma* のような，植物の種類とは関係しない，土壌腐生菌に置き換わる．土壌腐生菌の中でも，水溶性有機物等の利用しやすい基質を利用して急速に増殖できる 'sugar fungi' と呼ばれる微生物が最初に増殖し，次第にセルロース，リグニンなどの分解しにくい有機物を分解する微生物に移りかわっていく（図45）．細菌についても，水溶性有機物を利用する，増殖の速い，*Pseudomonas* 等の細菌が最初に増殖し，次第に難分解性の物質を分解する *Bacillus* や *Streptomyces* 等の細菌に置き換わっていく，という遷移が起こっていると考えられる．土壌動物は葉を土の中に鋤きこむ働きと，物理的に破壊して分解していない面を外にさらして微生物による分解を大きく促進させる．

(80)　5. 土の物質変化と微生物

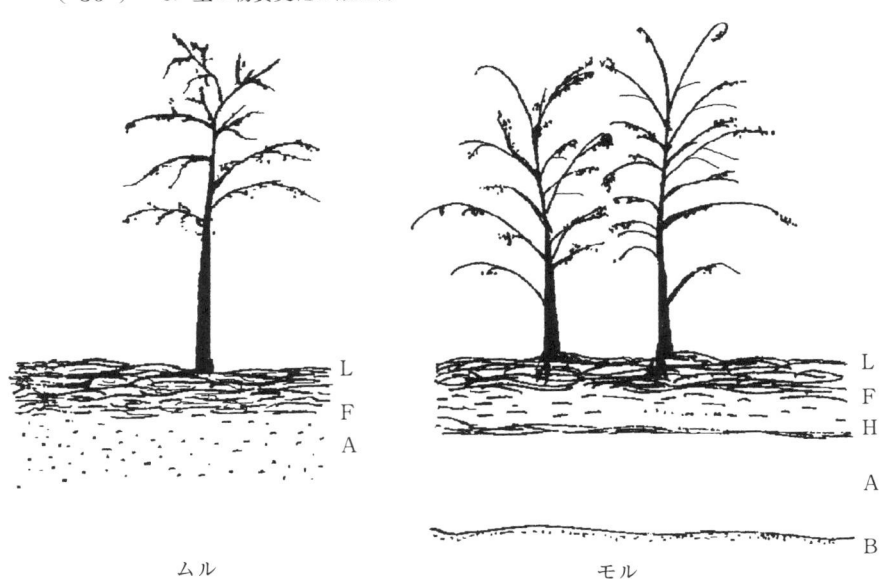

図44　ムルとモルの断面図

　ムル（左）では土壌微生物や動物の活動が活発で分解が速いために腐植層（H層）ができず，無機質と腐植がよく混ざり合ったA1層ができる．それに対して分解の遅いモル（右）はH層をもち，鉱質土壌と有機質層は混合されていない．コラム12を参照のこと．

遷移段階	ステージ1a	ステージ1	ステージ2	ステージ3
植物組織の状態	老化状態		枯死状態	
優勢な糸状菌	寄生性の弱い糸状菌	sugar fungi	セルロース分解菌 ＋ sugar fungi	リグニン分解菌 ＋ 他の糸状菌
分解される有機物		糖類など	セルロース	リグニン

図45　植物遺体の分解の進行に伴う糸状菌フローラの遷移

　概念的に示されたもので，実際には各ステージが重複しながら分解が進行する．コラム13を参照．(S. D. Garrett, 1963)

5.2 窒素サイクルと微生物

窒素は,生体を構成する元素としては炭素,水素,酸素についで多い.土の窒素原子は,種々の形態で存在する(図46).大気の約8割を占める窒素ガス(N_2, N^0)が最も安定な窒素原子の形態である.大気中の窒素ガスは,窒素固定菌と呼ばれる一部の原核生物のみが直接利用でき,他の生物は窒素固定菌から供給される各種窒素化合物か,雷,および工業により固定された窒素化合物を利用する.

農地では,かって植物栄養となる窒素成分は不足傾向にあり,窒素肥料が農業生産で重要な意味をもった.近年は,窒素肥料の利用量が多くなるにつれ,肥料窒素の河川や地下水への流亡や,肥料窒素の硝酸イオン NO_3^-,亜酸

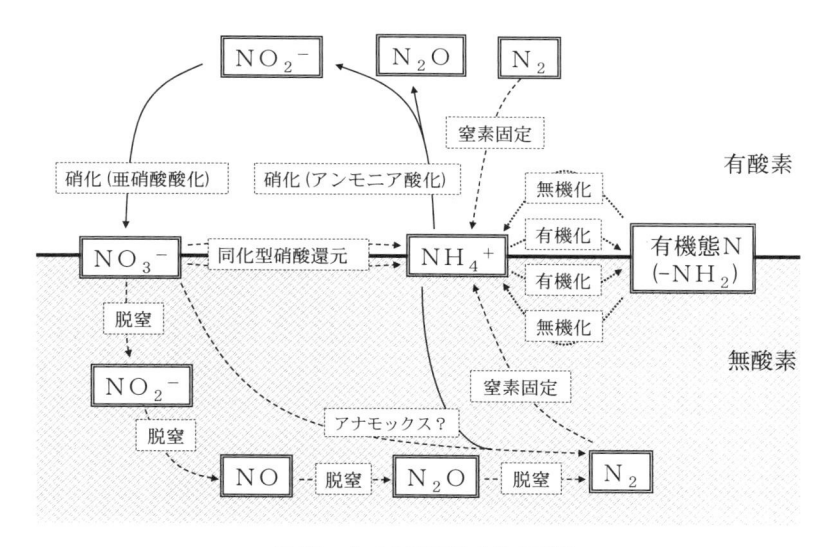

図46 土での窒素化合物の変化

実線は酸化反応を,破線は還元反応を示す.アンモニア態窒素の有機化・無機化,同化型硝酸還元,窒素固定の反応は,有酸素(上部)・無酸素(下部)いずれでも起こる.それに対し,硝化と脱窒は,それぞれ,有酸素条件と無酸素条件に特異的な反応であることがわかる.窒素固定については5.2.1を,硝化については5.2.2を,同化型硝酸還元と脱窒については5.2.3を,アナモックスについては5.2.4を,有機化については5.2.5を,無機化については5.2.6を参照.

化窒素 N_2O への微生物変換が注目される．

5.2.1 窒素固定

窒素ガス（N_2）をアンモニア（NH_4^+）に還元し，生物体が利用することを**窒素固定**（nitrogen fixation）という．**窒素固定菌**（nitrogen fixers または diazotrophs）と呼ばれる原核生物（細菌およびアーキー）が，窒素固定反応を行うことができる．窒素固定反応は**ニトロゲナーゼ**（nitrogenase）という酵素によって触媒され，1分子の窒素ガスから2分子の NH_4^+ を生成する（反応式7）．この反応では，16分子もの ATP が必要である．

$$N_2 + 8e^- + 8H^+ + 16ATP \rightarrow 2NH_4^+ + 4H_2 + 16ADP + 16Pi \tag{7}$$

ニトロゲナーゼは酸素感受性であるため，無酸素条件下で反応が進行する．有酸素条件下で窒素固定を営む細菌は，細胞内に無酸素部位をつくり，その部位でニトロゲナーゼをはたらかせ，窒素固定を営んでいる．窒素固定を行う原核生物は，単生窒素固定菌および，協調的窒素固定菌，共生窒素固定菌に分けられる（コラム9参照）（表4）．

1）単生窒素固定菌

細菌細胞単独で生存して窒素固定を行う生物を**単生窒素固定菌**（free-living nitrogen-fixing organisms）という．好気的な単生窒素固定菌としては，*Anabaena* などのフィラメント状のシアノバクテリア，*Azotobacter*，*Beijerinckia* などの従属栄養菌，*Alcaligenes* や *Thiobacillus* などの独立栄養菌が挙げられる．シアノバクテリアは，ヘテロシスト（heterocyst）と呼ばれる厚い細胞壁を有する異質細胞を形成する．微好気性の窒素固定菌としては *Klebsiella* や *Azospirillum* が挙げられる．また，嫌気性の従属栄養菌（*Clostridium*），硫酸還元菌（*Desulfovibrio*），光合成菌（*Rhodospirillum* など），嫌気性の独立栄養性アーキー（*Methanosarcina* および *Methanococcus*）も単生で窒素固定を行う．

表4 代表的な窒素固定生物

単生窒素固定生物	好気性生物	Azotobacter, Beijerinckia	従属栄養菌
		Anabaena, Nostoc	シアノバクテリア
		Alcaligenes, Thiobacillus	化学合成独立栄養菌
	微好気性生物	Azospirillum, Klebsiella	従属栄養菌
	嫌気性生物	Clostridium, Desulfovibrio	従属栄養菌
		Rhodospirillum など	光合成菌
		Methanosarcina	メタン生成アーキー
協調的窒素固定生物		Azospirillum	イネ，コムギなどの根圏に生息
共生窒素固定生物		Rhizobium, Bradyrhizobium	マメ科植物と共生する根粒菌
		Frankia	ハンノキなどの非マメ科植物と共生
		Anabaena	蘚苔類やシダ植物の Azolla と共生するシアノバクテリア
		Gluconobacter, Azospirillum, Herbaspirillum, Clostridium	エンドファイト（サトウキビ，イネなどに生息）
		Treponema	シロアリの腸内に生息

2）協調的窒素固定菌（コラム9参照）
3）共生窒素固定生物（コラム9参照）

5.2.2 硝化

NH_4^+ は，有酸素条件下で，NO_2^- を経て NO_3^- にまで酸化される．この過程を**硝化**（nitrification）といい，反応を担う細菌を**硝化菌**（nitrifying bacteria）と呼ぶ．硝化菌は NH_4^+ を NO_2^- に酸化する**アンモニア酸化菌**（ammonium oxidizing bacteria: *Nitrosomonas* など）と，NO_2^- を NO_3^- に酸化する**亜硝酸酸化菌**（nitrite oxidizing bacteria: *Nitrobacter* など）に分けられる．これらの細菌は土壌に広く分布し，アンモニア酸化菌は NH_4^+ を，亜硝酸酸化菌は NO_2^- を，それぞれ電子供与体とする化学合成菌である．亜硝酸酸化菌のほとんどは通性独立栄養菌である．

5.2.3 硝酸還元，脱窒

微生物は NO_3^- を同化または異化するために還元する．前者を**同化型硝酸**

還元（assimilative nitrate reduction）といい，後者を**異化型硝酸還元**（dissimilative nitrate reduction）という．同化型硝酸還元は，細菌，アーキー，菌類，藻類，高等植物等が行う反応であるが，異化型硝酸還元は特定の細菌，アーキー，酵母，糸状菌が営む反応である．

1）同化型硝酸還元

細菌および糸状菌における同化型硝酸還元（図47）は，硝酸還元酵素によるNO_3^-からNO_2^-への還元反応と，亜硝酸還元酵素によるNO_2^-からNH_4^+への還元反応より成り立つ．どちらの反応も電子受容体として，NADHかNADPHを用いる．NH_4^+まで還元された窒素原子は，同化（有機化）される（5.2.5参照）．

2）異化型硝酸還元

酸素の代替えとしてNO_3^-を電子受容体とした嫌気呼吸は，異化型の硝酸還元であり，その一般性から**硝酸呼吸**（nitrate respiration）ともいわれる．硝酸呼吸のうち，N_2，N_2O，NO といったガス態窒素の発生を伴うものは，結

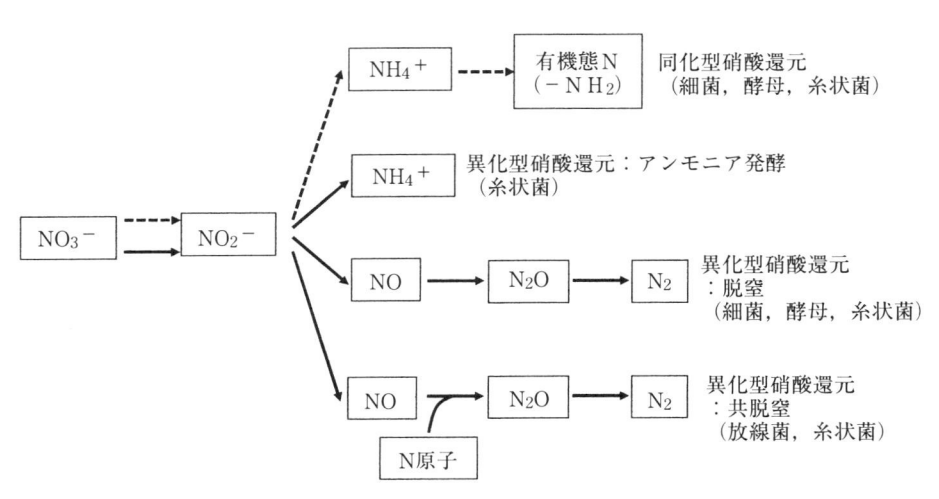

図47 土の微生物が行う硝酸還元反応
破線の矢印は同化型硝酸還元反応経路を，実線の矢印は異化型硝酸還元反応を示す．詳細は5.2.3を参照．

果的に環境から窒素分を放出することになるため,**脱窒**(denitrification)と呼ばれる.脱窒反応産物は,菌によって様々であるが,糸状菌の場合はN_2Oであることが一般的である.脱窒反応には,2分子のNO_3^-(またはNO_2^-)からN_2あるいはN_2Oを1分子生じる反応と,NO_3^-(またはNO_2^-)1分子と他の窒素化合物由来の1窒素原子からN_2あるいはN_2Oを1分子生じる反応がある(図47).これらの反応を区別するため,後者を**共脱窒**(co-denitrification)と呼ぶ.一般の細菌では脱窒反応による硝酸呼吸を行うが,糸状菌や一部の放線菌は,脱窒と共脱窒の両方を行う.糸状菌では,**アンモニア発酵**(ammonium fermentation)と呼ばれる電子受容体を必要としない異化型硝酸還元反応も見出されている.

5.2.4 アナモックス(anammox)反応

NH_4^+の酸化は無酸素条件でも起こることが知られており,嫌気的アンモニア酸化(アナモックス: anaerobic ammonium oxidation,略してanammox)と呼ばれる.アナモックス反応は,*Planctomycetales*目の*Candidatus* Scalindua,*Candidatus* Brocadia,*Candidatus* Kuenenia属などの細菌(微生物保存機関に寄託された菌株がないため,属名の前に"*Candidatus*"がつく)によって行われ,anammoxosomeと呼ばれる細胞内小器官で起こる.NO_2^-とNH_4^+を出発物質として,中間体ヒドラジン(N_2H_4)を経て最終的にN_2を生じる下記の反応ステップが提唱されている(反応式8〜10)(M. Strousら,2006).環境中でのN_2発生でのアナモックスの寄与は,海洋では3〜5割(あるいはそれ以上)と推定されている(A. H. Devol, 2003)が,土についての推定は2007年末現在,不明である.

$$NO_2^- + e^- \rightarrow NO \qquad (8)$$
$$NO + NH_4 + 3e^- \rightarrow N_2H_4 \qquad (9)$$
$$N_2H_4 \rightarrow N_2 + 4e^- \qquad (10)$$

5.2.5 有機化(不動化)

窒素元素の**有機化**(**不動化**:immobilization)は,無機態窒素が有機態とな

(86)　5. 土の物質変化と微生物

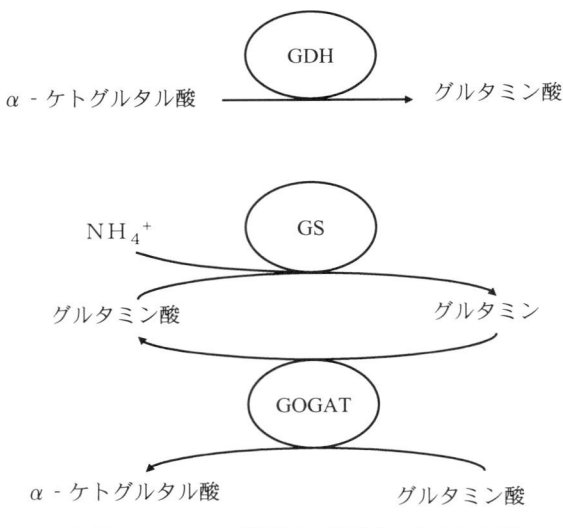

```
             GDH
α-ケトグルタル酸 ────────→ グルタミン酸


        NH₄⁺    GS
  グルタミン酸 ⇄ グルタミン
             GOGAT
α-ケトグルタル酸        グルタミン酸
```

図48　アンモニア態窒素の有機化（同化）反応
　上段はグルタミン酸脱水素酵素（GDH）による同化反応を，下段はグルタミンシンテターゼ（GS）/グルタミン酸シンターゼ（GOGAT）経路による同化反応を示す．土の中でのアンモニア態窒素濃度が低い時は，GS/GOGAT経路によって同化されると考えられている（詳細は 5.2.5 を参照）．

って生物体に固定されることである．生化学的には NH_4^+ が同化されてアミノ酸として生物体に固定されること（窒素同化あるいはアンモニア同化）を指す．あらゆる生物を通じ，アンモニア同化の経路は以下の2つである．ひとつはグルタミン酸脱水素酵素（glutamate dehydrogenase: GDH）による反応であり，もうひとつは，グルタミンシンテターゼ（glutamine synthetase）グルタミン酸シンターゼ（glutamate synthase）経路（GS/GOGAT経路と略称）である（図48）．ほとんどの生物は，GDHによる経路とGS/GOGAT経路の両方を有する．GDHは NH_4^+ に対する親和性が低いため，アンモニア濃度が高いときにアンモニア同化反応を行う．一方，GS/GOGAT経路は，NH_4^+ に対する親和性が高く，アンモニア濃度が低い（大腸菌では 1 mM 以下）ときに機能するが，エネルギー効率は悪い．土では一般に窒素レベルが低いので，微生物はGS/GOGAT経路によりアンモニア同化を行っていると

想像される.

5.2.6 アンモニア化成

炭素,水素,酸素から構成される炭水化物が好気的に完全分解されると,CO_2 と H_2O が生じる.有機物中に窒素が含まれると,それらに加えて NH_4^+ も生じる.これを**アンモニア化成**(ammonification)と呼ぶ.生化学的には**脱アミノ化**(deamination)という.タンパク質が完全分解される場合,まず,タンパク質分解酵素(プロテアーゼ)によってアミノ酸にまで加水分解され,次いで,アミノ酸から NH_4^+ が遊離する.グラム陽性菌では,アミノ酸であるアルギニンからの酸化的脱アミノ化によって,NOが生じることが知られている.アミノ糖であるグルコサミンの場合,細胞内でリン酸化された後に脱アミノ化され,NH_4^+ が生じる.

5.3 硫黄サイクルと微生物

硫黄は窒素に比べると生体内で量的に少ないが,同様にタンパク質を構成している元素であり,生物にとっては必須である.反芻胃動物以外の動物では利用できる硫黄は含硫アミノ酸に限られるのに対し,植物や微生物は様々な形態のものを利用できる.硫黄が不足している土がある一方,過剰な硫黄で植物に害をおこす土もある.石油の燃焼などで大気中に放出された硫黄酸化物は,窒素酸化物とともに酸性雨の大きな原因であり,森林破壊や湖沼の酸性化を引き起こす.

土壌中で硫黄は無機態および有機態として存在するが,一般的には後者の方が多い.アミノ酸以外の硫黄を含む有機化合物では,エステル結合により硫酸基が結合している場合が多い.酸性スルファターゼによる加水分解で,硫酸エステル結合のO-S部分が切断される.

5.3.1 硫黄酸化

無機体硫黄は SO_4^{2-} の+6から H_2S の-2まで,様々な酸化状態で存在する.還元状態の硫黄は,酸化条件下で種々の酸化状態に酸化される.この反

応は，生物的あるいは無生物的に起こる．

硫黄酸化菌は，還元態の硫黄（H_2S, S^0, $S_2O_3^{2-}$）を電子供与体として，独立栄養的に生育する．代表的な硫黄酸化菌である *Thiobacillus* 属はグラム陰性の独立栄養菌で，H_2S，元素硫黄，チオ硫酸を酸化する．比較的中性域で生育する *T. thiopurus*，酸性域で生育する *T. thiooxidans*，電子受容体として NO_3^- を利用して脱窒を行う *T. denitrificans*，硫黄だけでなく Fe^{2+} も酸化してエネルギーを獲得する *T. ferooxidans* 等がある．*Sulfolobus* や *Thermothrix* 属は，高温の温泉に生息する硫黄酸化菌である．鉄パイライト（FeS_2）鉱山では Fe を遊離するために，FeS_2 を生物的に酸化させる（バクテリオリーチング）．*Acromatium* は硫化水素に富む硫黄温泉等，硫化物を含む淡水の堆積物中に存在しており，純粋培養は成功していないが，γ-プロテオバクテリアに属することがわかっている．*Beggiatoa* は糸状の細菌で，イネの根圏に存在し，酸化的／嫌気的の境界で H_2S を酸化している．従属栄養菌や糸状菌の中にも硫黄化合物を酸化するものがあるが，エネルギー獲得反応ではない．海岸や湖沼の干拓地などに見られる酸性硫酸塩土壌や，硫黄，硫化鉄を含む畑地土壌の酸性化は，硫黄酸化菌の働きによる．

5.3.2 硫酸還元

土の中で SO_4^{2-} は，微生物の呼吸により還元される．**硫酸還元菌**と呼ばれるこれらの細菌は，SO_4^{2-} やその他の無機態の硫黄化合物を電子受容体，有機酸やアルコール，H_2 を電子供与体として嫌気的に生育する．有機酸としては，乳酸やピルビン酸，リンゴ酸が一般的である．代表的な硫酸還元菌には，*Desulfovibrio*，*Desulfotomaculum*，*Desulfomonas* 等，大半がδ-プロテオバクテリアに属するが，*Archaeoglobus* はアーキーの硫酸還元菌で，深海の熱水噴出孔等から分離されている．

水田で硫酸還元菌により生成した H_2S は水稲根に害を与え，根腐れを引き

$$SO_4^{2-} \rightarrow SO_3^{2-} \rightarrow [SO_2^{2-}] \rightarrow [S_0] \rightarrow H_2S$$

図49 硫酸還元反応

起こす．この現象は，鉄が溶脱したいわゆる"老朽化水田"にかつて見られ，"秋落ち"と呼ばれている．

5.3.3 揮発性有機硫黄化合物

硫黄は生物により，多くの有機化合物として合成され，生物地球化学的循環を受ける．一部は土の生物によって分解されるが，多くは揮発性し，大気中に移動する．これらの揮発性の有機硫黄化合物（volatile organic sulfur compounds, VOSCs）は，大気圏や成層圏で光化学的に酸化されて硫酸イオンとなる．大気中の硫酸イオンは，エアロゾル（aerosol, 浮遊粉塵）を形成して雲の凝集核となり，酸性雨をもたらす．また，一部のVOSCsは温室効果をしめす．そのため，VOSCsは，気候や環境にも影響を与える．最も大量に存在するVOSCsは硫化ジメチル（DMS, dimethyl sulfide（CH_3-S-CH_3））[17]である．DMSは，水田土壌のような嫌気条件下で生産された場合，メタン生成の基質として（CH_4とH_2Sを生成），紅色光合成菌の炭酸固定反応の電子受容体として（ジメチルスルホキシド（DMSO），CH_3-SO-CH_3を生成），あるいはある種の化学合成無機栄養菌や化学合成有機栄養菌の電子供与体として（DMSOを生成），使われる．DMSOは，嫌気呼吸の電子受容体としても用いられDMSに還元され得る．また，特定の細菌によって炭素源，硫黄源，エネルギー源として利用される．その他のVOSCsである二硫化ジメチル（dimethyl disulfide, CH_3-S-S-CH_3），硫化カルボニル（carbonyl sulfide, COS），二硫化炭素（carbon disulfide, CS_2）の生産量は，DMSに比べると少ないが，環境への影響は無視できない．COSの生物的生成過程は不明な点が多いが，*Thiobacillus*属細菌（硫黄酸化菌）によるチオシアン酸（HSCN）分解過程でCOSが生じることが知られている．また，メチロトローフである*Hyphomicrobium*属細菌は，DMSとDMSOを炭素源／エネ

---

[17] DMSは，海洋の藻類の浸透圧調節剤であるdimethylsulfoniopropionate（DMSP, $(CH_3)_2$-S^+-C_2H_4-COOH）の分解によって主に生成する．DMSPは，細菌（*Alcaligenes, Desulfovibrio, Pseudomonas*）や藻類が生産するDMSP-リアーゼによってDMSとアクリル酸（acrylic acid）に分解される（R. Bentley and T. G. Chasteen, 2004）．

ギー源として利用し，メタンチオール（またはメチルメルカプタン，CH_3SH）を経て CO_2 まで分解するようだ．また，グラム陽性菌の *Rhodococcus* 属細菌は DMS と DMSO を硫黄源として利用することができる．

5.4 鉄，マンガンの酸化，還元と微生物

鉄は土の中で，Fe^0，Fe^{2+}，Fe^{3+} の状態で存在する．酸性状態で Fe^0 は，化学的に容易に Fe^{2+} に酸化される．Fe^{2+} は酸性では安定だが，中性では速やかに Fe^{3+} に酸化される．**鉄酸化菌**は $Fe^{2+} \rightarrow Fe^{3+}$ の酸化過程で生じるエネルギーを利用するが，この過程で生じるエネルギーは少ないため，大量の Fe^{2+} を酸化する必要がある．しかし Fe^{2+} は，中性条件では化学的に急速に Fe^{3+} に酸化されるため，十分な量の Fe^{2+} が集積することはない．このため鉄酸化菌は，化学的酸化が起こらない酸性条件下で生息し，Fe^{2+} を Fe^{3+} に酸化してエネルギーと還元力を得ている．硫黄酸化菌でもある *Thiobacillus ferrooxidans* は最も代表的な鉄酸化菌である．Fe^{3+} は細胞外に放出され，莢膜（capsule）や細胞外に沈着する．硫黄や鉄を含む鉱山廃液は硫黄酸化菌の働きで酸性化し，*T. ferrooxidans* により Fe^{2+} が酸化され，不溶性の水酸化第二鉄となり沈殿するため，次第に赤色を呈するようになる．*Sulforobus* はアーキーで，酸性の沸点に近い温泉に生息する鉄酸化菌である．

植物や微生物は，周囲の土を酸性化したり，**シデロフォア**（siderophore）と呼ばれるキレート物質などを分泌したりして，難溶性の Fe^{3+} を可溶化し吸収する．

Mn^{2+} の無生物的酸化は pH8 以上で起こり，中性や酸性域では微生物によって酸化され沈殿する．その結果，植物のマンガン欠乏を引き起こすことがある．水田土壌では落水後に**マンガン酸化菌**によりマンガン斑が形成されるし，根圏でマンガン酸化菌が働くと根の周りに Mn^{4+} の沈着が観察される．マンガン酸化によりエネルギーを獲得する細菌は見つかっておらず，土の中で起こるマンガン酸化は従属栄養菌によると考えられている．

5.5 土壌中のリンと微生物

植物の生育にとって最も重要な要素のひとつであるリンは,地球上では種々の無機,有機の形態で存在している.そのうち最も多いのが,アパタイトと呼ばれる主としてカルシウム塩の無機態リンであり,リン酸肥料の多くはアパタイトを主成分とするリン鉱石から作られる.土壌中の無機リンは,鉄,アルミニウム,カルシウム等と結合しており,難溶性である.土壌微生物や植物根は,CO_2 や有機酸の生産を通して無機リンを可溶化する.

土の中の有機態リンとしては,フィチン,リン脂質,核酸などがある.フィチンはイノシトール-6-リン酸エステルの $Ca \cdot Mg$ 塩で,植物のリン酸貯蔵物質である.土壌中では多くの土壌微生物や植物が作るエステラーゼにより分解され,リン酸が遊離してくる.

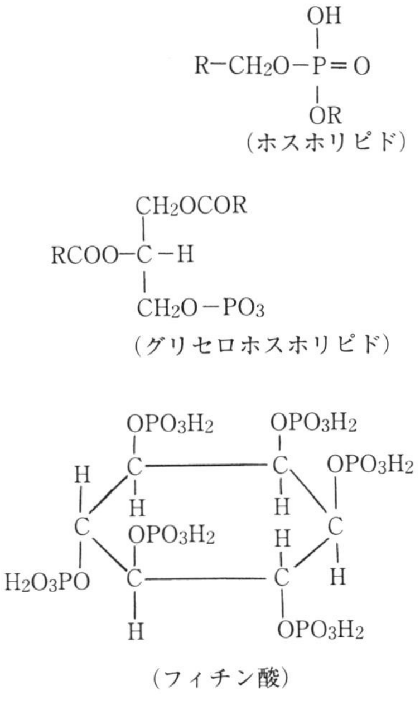

$$R-CH_2O-\overset{\underset{\|}{OH}}{\underset{OR}{P}}=O$$

(ホスホリピド)

$$\begin{array}{c} CH_2OCOR \\ RCOO-C-H \\ CH_2O-PO_3 \end{array}$$

(グリセロホスホリピド)

(フィチン酸)

図50 土壌中の主な有機リン化合物

菌根菌は，リン酸欠乏土壌における植物のリン酸吸収に対して重要な役割を果たしている．

5.6 難分解性有機化合物の分解とバイオレメディエーション

バイオレメディエーション（bioremediation）は，微生物を利用して，石油等により汚染された環境を修復する技術である．この方法は，自然界で起こっているプロセスを利用して対象汚染物質を分解するため，他の物理的・化学的修復技術と比べて環境に優しいと考えられる．

5.6.1 油

石油や石油製品の微生物分解は，経済的にも，また環境面からも重要である．石油は豊富な有機物資源であり，その炭化水素は種々の微生物により容易に分解されるため，石油が空気や水分にさらされると微生物の攻撃を受けるようになる．

種々の細菌や，いくつかの種類の糸状菌や酵母，それに一部のシアノバクテリアや緑藻は，炭化水素を好気的に分解することができる．人為的あるいは自然の活動による小さな汚染は頻繁に起こっており，炭化水素を電子供与体として利用してCO_2まで分解する微生物は自然界に多数存在している．炭化水素の分解で鍵となる酵素が，空気中のO_2から酸素を炭化水素に導入するオキシゲナーゼ（oxygenase）である．

大量の油漏れ事故では，揮発性の炭化水素はすぐに揮散し，長鎖と芳香族の炭化水素が浄化の対象となる．汚染が起こると炭化水素分解菌が急速に増殖し，1年以内にほとんどが分解されるが，多環芳香族や分枝脂肪酸はさらに長く残存する．分解にはリン酸等の無機養分が必要なため，施用により分解が促進される．

> **コラム14　土の中で"真に"物質変換を担う微生物**
>
> この章で述べてきた土で物質変換に関わる微生物は，土から分離した微生物を対象とした研究によって明らかにされたものが多い．分離微生物は，培養実験で示した生化学反応を，土で同様に起こしうるのか，また起こすとして土で起こる物質変化の何割を担っているのか，不明なことが多い．環境中でおこる物質変化を"真に"担う微生物を同定する厳密な研究の例は，未だ少なく，今後の解明が期待される（E. L. Madsen, 2005）．

5.6.2 有機ハロゲン化合物

　塩素等の有機ハロゲン化合物は，溶媒，油脂洗浄剤，絶縁油などとして広く使われてきたが，環境中でも安定で分解を受けにくく，また毒性や発ガン性を示すものもあり，代表的な環境汚染物質である．有機ハロゲン化合物の分解で鍵となるのは脱ハロゲン過程であり，微生物による脱ハロゲンは，酸化的，加水分解的，あるいは還元的反応により起こる．

　これらの化合物の多くは元々自然界には存在していなかったが，酵素の基質特異性が低いために，コメタボリズム（cometabolism）で分解される場合が多い．たとえば，ポリ塩化ビフェニル（PCB）は，ビフェニル分解のコメタボリズムで分解される．また，塩素化脂肪族炭化水素であるトリクロロエチレンは，トルエンモノオキシゲナーゼ，トルエンジオキシゲナーゼ，メタンモノオキシゲナーゼ，アンモニアモノオキシゲナーゼ等の酵素の基質特異性が低いため，トルエン分解菌，メタン酸化菌，アンモニア酸化菌によりコメタボリズムで酸化される．

5.6.3 重金属汚染とバイオレメディエーション

　農耕地土壌の重金属汚染は，農産物の安全性の点から問題となる．汚染土壌を微生物の働きで修復することができる．

　バイオリーチングと呼ばれるこの方法では，土壌に硫黄を添加し，硫黄酸化菌の働きで土壌を酸性化し，土壌中の重金属を可動態にする．硫黄酸化菌は酸素を多量に必要とするため，土壌に酸素を供給する．*Thiobacillus* は土壌に存在するので，接種の必要はない．

水を散布して溶出してきた重金属を下方に移動させ，井戸を掘って溶出液をポンプで集める．地形や地質の関係で，井戸による集水が不可能な場合は，汚染土壌を掘り出して施設内に移動させ，そこで処理を行う．溶け出してきた重金属は，物理・化学的，あるいは生物的に回収される．生物的方法では，硫酸還元菌を用い，反応槽内で硫酸が硫化物となり，重金属が沈殿する．

溶出処理が終了した土壌は強酸性化しているため，石灰等で矯正する．

6. 人間の生活と土の微生物

土は人間生活の基盤であり，土にすむ微生物は多くの面で人間生活と深くかかわっている．

6.1 衛生環境としての土の微生物

土の微生物の中には，条件によって人間の健康に害を及ぼすものがある．また，人間社会で猛威をふるう病原微生物や食中毒微生物が，土に入りこみ，生残することがある．時には，植物根圏をすみかとするものもある．

6.1.1 腸内細菌などの汚染と土の浄化能

人間や動物の腸から排出される便には，多量の腸内細菌とともに各種の病原菌，腐敗菌，病原性ウイルスが含まれている．排泄物中のこうした微生物によって土や河川が汚染されると，地域の社会衛生に深刻な害をもたらす可能性が生まれる．下水施設が普及されつつあるが，有害微生物による汚染の可能性については，常に細心の警戒が必要である．

土に汚染した，排泄物中の病原菌，腐敗菌は，時間とともに対数的に死滅する傾向をもつ（図51）．その速度は，細菌の種類，土の種類，温度，有機物の量などによって大きく異なる．汚染の指標としてよく用いられる大腸菌では，死滅によって細胞数が百分の一になる時間は，10日前後から200日前後と土によって大きく

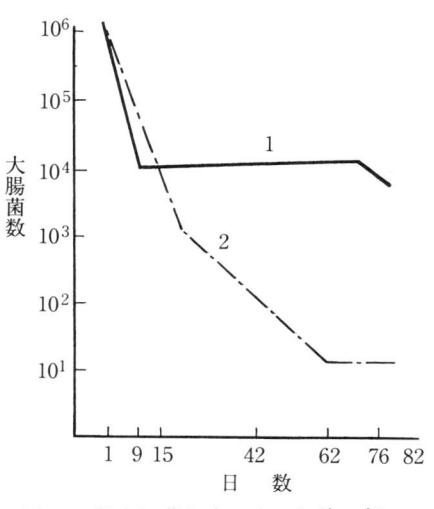

図51 腸内細菌が土に入った後に起こる死滅
1：チョルノゼウム，2：ポドソル．
(Mishustin, 1986)

変動する．家畜の排泄物中に含まれる病原性大腸菌（*Esherichia coli*）O157なども，2ヶ月以上生残したという報告が多数ある．胞子をつくるガス・エソ菌（*Clostridium perfringens*）も便に含まれるが，胞子状であれば十年単位という長期間生残する．ウイルスはおおよそ20日から100日ぐらいとされる．ウイルスは粘土粒子に吸着されやすく，その場合は生存期間が延長される．

6.1.2 土に生存または生残する病原細菌，食中毒細菌

　土には少数ながら生存または長期に生残する強力な病原細菌，食中毒細菌が存在する．一般にこれらの細菌の個体密度は他の土壌細菌よりも，かなりオーダーは低いが，人体に感染または食物汚染後，激しく増殖し強力な毒素を生産するので，注意する必要がある．

　強力な病原性をもつものとして警戒すべき嫌気性胞子形成菌には，破傷風菌（*Clostridium tetani*）とボツリヌス菌（*Clostridium botulinum*）が含まれる．これらの細菌は胞子状態で10年以上，土の中で生きるという．その分布は広範であるが，生残の機構はよく分かっていない．破傷風菌は便にも少量ながら含まれており，土の菌も便から汚染したものとする説がある．海老沢の調査（1989）では，土1 gに1～100個程度の破傷風菌が検出される．一方，ボツリヌス菌は魚を地表で乾燥させる海岸地帯で検出率が高いとう．また毒素のタイプで分類した各ボツリヌス菌の分布に地域性があることから汚染と農作業の関係を考える説，河川，海流を中心とした地球規模での汚染経路を想定する説などがあるが，いずれも結論にいたっていない．

　肺炎を起こすレジオネラ感染症の原因菌とされる *Legionella pneumophila* は土でしばしば検出される．*Legionella* 属には，これ以外の種にも病原性をもつとされるものがいくつかある．また，*Legionella* spp. が土の原生動物体内で生残しているという報告もある．レジオネラ感染症の発病機構については今後解明すべきことが多い．

　健康なときは問題にならないが，健康を害した時脅威となる病原菌を**日和見感染菌**（opportunists）という．これらの細菌の中には，緑のう菌（*Pseudomonas aeruginosa*），大腸菌（*Escherichia coli*），ブドウ球菌（*Staphylococcus* *aureus*)，セラチア菌（*Serratia marcescens*）などがあり，土に常在している．

また，土の病原菌汚染はネマトーダ，コレンボーラなどの土壌動物によって拡散される．

6.1.3 土に生存する病原性の糸状菌，原生動物

土の糸状菌にも人体に日和見感染症を起こすものがいる．空気汚染や薬剤使用により免疫力を低下させた人体にとって，糸状菌の起こす日和見感染症は，一段と脅威になる．なかでも，カンジダ症（*Candida albicans*），アスペルギルス症（*Aspergillus fumigatus*），クリプトコックス症（*Cryptococcus neoformans*）が深刻になっているという．

原生動物のなかにも，人体に寄生し病状を起こすものがある．ネグレリア症（*Naegleria fowleri*），アカントアメーバー症（*Acanthamoeba* spp.）などが注目される．

6.1.4 増大する土の薬剤耐性菌

近年，環境における薬剤耐性菌の数が著しく増大し，大きな脅威になりつつある．この傾向は土にも及んでおり，定期的で系統的な調査，監視による対策が急務と考えられる．

土での薬剤耐性菌の増大には，いくつかの要因が複合している．人間や家畜などの排泄物中の耐性菌による汚染，汚染耐性菌や遺伝子改変薬剤耐性植物から土の微生物への耐性遺伝子の水平伝播，土の薬剤汚染による耐性菌の選択的増大などが挙げられるが，解明が待たれる問題も多い．

土の微生物のなかには，元々さまざまな抗生物質生産菌とこれに対応する耐性菌が存在している．これらの微生物の中には，培養困難な未知細菌が多数含まれているという（C. S. Riesenfeldら，2004）．もともと土に存在したこれらの耐性菌，または耐性遺伝子も，土の富栄養化，薬剤汚染の進行などによって，増大し拡散する可能性がある．

土で増大した薬剤耐性菌は，土の塵埃とともに空中に飛散し，人体に直接侵入したり，病院など生活環境に拡散していく．塵埃とともに飛散する耐性

菌の人体内における行動の脅威についても注目していく必要があろう．

6.2 地下水と微生物

地表での汚染や環境衛生が悪化するにつれ，地下水もまた汚染の危険にさらされる．

6.2.1 土の表層から下層への微生物の移動

地表に生存または残存する微生物の一部は，重力によって下降する浸透水とともに地下に向かって移動する．この中には，6.1で述べた様々な病原菌が含まれる可能性がある．微生物の下降移動は，いろいろな条件によって影響を受ける．主な条件として，微生物の種類と生残性，大小の孔隙の分布状況（ち密性），土のpH，陽イオン交換量，下層土部分の水分含有量などがあげられる．

1) ウイルス

人間や家畜の排泄物にウイルスが含まれることがある．ウイルスは小さく，土中をもっとも移動しやすい．移動を妨げる要因のひとつに，ウイルスの土への吸着がある．ただ，ウイルスの種類により，また土の種類により，吸着効率は大きく変化するらしい．

2) 細菌

まず，細菌は土に吸着すると，地下への移動が抑えられる．とくに粘土への吸着が注目される．細菌の粘土への吸着は，粘土表面にFe^{3+}，Al^{3+}，Mn^{4+}などのカチオンが存在することによって，著しく高まる．腐植が粘土表面に吸着していると，細菌の粘土への吸着が抑えられる傾向があらわれる．細菌は土のpHが酸性になるほど，吸着されやすくなる．また，地下へ浸透する水の量が大きいほど，下降する細菌もふえる．この場合，大小の孔隙分布が重要な意味をもつ．すなわち，非毛管孔隙に富む土では降下は盛んであるが，そうした孔隙に乏しい土では降下も少ない．

3) 糸状菌，原生動物

からだが比較的大きいこれらの微生物の地下への移動は，ウイルス，細菌

に比べ小さい.

6.2.2 地下水中の微生物

　土の内部を下方へと進む水の浸透の起こりやすさは，土の種類や土層の違いなどで大きく変わる．下部には圧密な粘土層や岩盤のように，水が浸透できない層が存在する．浸透してきた水分は，この不透水層周辺に貯まり周辺の孔隙を水分で満たして，**地下水**（ground water）となる．孔隙が水で満たされた領域の上限を**地下水面**（water table）という．地下水面の深さは降水量や気候によっても左右される．沼地ではゼロメートル，砂漠地では数千メートル，また地表の地形の起伏とともに上下する傾向があり，地下水は流れ，長距離を移動する（図52）.

　地下水には各種無機合成菌，低栄養菌が見いだされ，多くは好気性の低栄養菌である．その分布は一様でなく，パッチ状である．細菌の種類構成は，地下水系列（地下での流れの違い）による変動が大きい．細菌の大部分は砂，シルト，粘土に付着するか，バイオフィルム中にある．細菌数は固形試料1g当り100～100,000で，通常細菌の一割またはそれ以下の放線菌が認められる．糸状菌は，さらに少ない．アメーバ，べん毛虫などの原生動物のシストも1～100，存在する．せん毛虫はごく稀である．

　地表からの病原微生物の汚染は条件によって違うが，ウイルス，細菌の汚

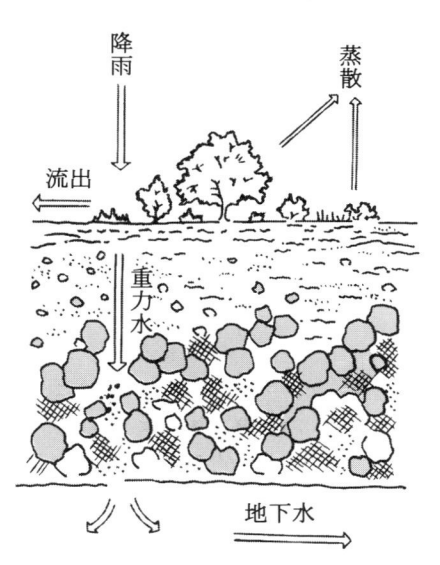

図52　陸圏における水の移動
　土壌中の水分は重力により下方に流れ，地下の水を透過しない粘土層や岩盤層に到達すると，地下水として横方向に流れる．また，水には毛管力によって上方にも移動し，大気中に蒸散する傾向もある．地下水へ流れる水と蒸散する水のバランスは，土壌条件や気象条件によって変化する．

染の可能性がより高い．ウイルス，細菌は地表水よりも地下水中でより長時間生残するという．

6.3 耐久材の微生物劣化

土壌中で使用されている金属性あるいは非金属性の耐久材は，微生物によって劣化する．劣化の激しさは，材質や条件によって大きく異なる．

6.3.1 土中の金属腐食

土に埋められた金属材は，**金属腐食**（corrosion）によって劣化する．この現象には，土の様々な要因が絡み合って影響しており，腐食機構の解明を困難にしている．

金属の腐食は，固体金属表面の金属原子のイオン化から始まる．その過程はつぎのように考えられる．水分に接する金属表面で，まず金属原子がイオン化し水中に溶け込み，その際放たれた電子は金属表面に負電荷として残る．この負電荷がそのまま残れば，金属原子のさらなるイオン化を抑えることになる．逆にイオン化の際金属表面に残された電子が別の還元反応で消費されると，金属表面の負電荷が減少または消滅し，金属原子のイオン化が進行しやすくなる．一方，金属原子のイオン化は周辺の水分中の金属イオン濃度にも影響され，その濃度が高くなる程イオン化が抑えられる．逆に水中の金属イオンが酸化され沈殿するようになると，金属原子のイオン化は再び進行しやすくなる（図53）．

金属腐食の進行は，こうした金属原子のイオン化が様々な他の微生物的，または無生物的化学反応と絡みあって起こる．金属腐食の進行に寄与する微生物の例を以下に掲げる．

1）金属表面の電子を消費する微生物たち

直接，電子の消費にかかわる注目すべき微生物として，つぎの3つのグループがあげられる．

① 有機物酸化によって有機酸をつくる微生物たち

これらの微生物がつくった酸からは，電離によって H^+ が現れる．この

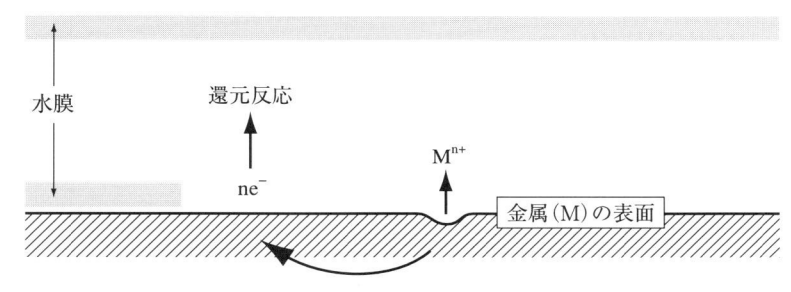

図53 金属の表面の水膜中で起きる腐食反応

金属の表面で原子 M が，n 個の電子 e^- を放出してイオン M^{n+} になり，金属表面の水膜中を拡散する．一方，金属表面に残された電子の方は，隣接する金属表面に移動する．金属腐食が進行するためには，(1) 沈殿などにより，金属イオンを水中から除く反応と，(2) 金属表面に集まる電子を消費する還元反応が必要である．

H^+ は金属表面の電子 e^- と反応し，負電荷を消し，水素分子が生成される．すなわち，

$$2H^+ + 2e^- \rightarrow H_2 \tag{1}$$

② 硫酸や硝酸を還元する微生物たち

たとえば，硫酸還元菌は金属表面の電子を利用して，つぎの還元反応を起こし腐食を促進する．

$$H_2SO_4 + 8H^+ + 8e^- \rightarrow H_2S + 4H_2O \tag{2}$$

③ 溶けた金属イオンを酸化し沈殿させる微生物

鉄酸化菌がその例である．図54に示すように，鉄酸化菌は水に溶け出した Fe^{2+} イオンを Fe^{3+} に酸化する．Fe^{3+} は水と反応し不溶性の $Fe(OH)_3$ となり，サビコブをつくる．もっとも Fe^{3+} が微生物菌体と凝集して被膜となり，金属表面を覆うこともある．しかもこの被膜は，逆に表面金属原子のイオン化を抑え腐食反応の防止の働きをする．

2) 金属の微生物腐食を促進する微生物および土の因子

① 硫酸，硝酸を生成し硫酸還元菌や硝酸還元菌に供給する微生物

硫黄酸化菌や硝化菌（アンモニア酸化菌＋亜硝酸酸化菌）の活動は，上述の金属表面における硫酸還元菌，硝酸還元菌に基質を供給し，腐食を進める．

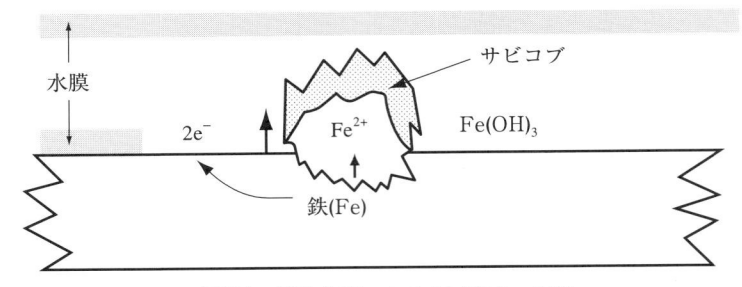

(102) 6. 人間の生活と土の微生物

図54 鉄酸化菌による金属腐食の促進

金属鉄から溶けだした二価鉄イオン（Fe^{2+}）が，鉄酸化菌により酸化され，サビコブを作る．O_2欠乏のときは，硫酸還元菌が硫酸イオンを硫化水素に還元する．この硫化水素は鉄イオンと反応して，硫化鉄の沈殿を作る．電子は，水素イオンと反応し，水素ガスとなって，消費される．

コラム 15　電気防食

電気防食は，ガス，水道，電力，通信などのパイプや地下タンクといった埋設鋼構造物を腐食から守る技術である．19世紀初期に H. Davy, M. Faraday も手がけたこの技術は，人為的に金属表面の負電荷（つまり，電子密度）を高め，金属原子のイオン化を抑えることを目指している．

金属表面の原子がイオン化して土の水分に溶け込む反応は，金属表面と土の水分との間の電位差が大きいほど進行しやすくなる．この電位差を小さくすれば，イオン化反応はそれだけ抑えられる．電位差を小さくするために，金属表面に人為的に電流（カソード電流という）を流す．流す電流の量は，使用する電源と金属表面との間の電位差で調整できる．この方法により，腐食の進行をかなり抑えることができる（梶山，材料と環境 49：515 – 519, 2000）．

---

② 土の水分条件，嫌気条件またはバイオフィルム形成菌

金属腐食の進行には水分が必要であり，土の水分条件，または金属表面にバイオフィルムを形成する微生物の活動が腐食に影響をあたえる．金属表面周辺を嫌気化する微生物活動も腐食の進行要因となる．

③ 土の諸条件（水分含量，通気性，有機栄養物や無機栄養物の種類と量，pH, Eh, 塩類濃度など）によって，金属腐食をすすめる諸微生物の活動は大きく影響される．

また，土壌腐植には電子を受け入れる能力があり，金属表面の電子受容体として腐食にかかわる可能性がある．

④ 埋蔵電線やアースから土に漏れる迷走電流も金属材表面での酸化還元反応に合流し腐食を促進する．

6.3.2 コンクリートの劣化

　土にはコンクリートの劣化にかかわる硫酸還元菌，硫黄酸化菌，アンモニア酸化菌，汚物分解菌などの微生物が多数存在するので，土中のコンクリートと勿論，地上のコンクリートも土の風塵によって，これらの微生物と接触し，その活動の影響を受ける．コンクリートに含まれる鉱物，石こう（$CaSO_4$）は硫酸還元菌によって元素硫黄や硫化水素に分解される．石こうの崩壊により，コンクリートの劣化がはじまる．硫酸還元菌は嫌気性菌であるが，共生する好気性菌によって酸素が消費されれば，コンクリート上で十分活動できる．したがって，一見，大気に接し酸化的であると思われる環境でも，硫酸還元菌による劣化は起こりうる．

　一方，元素硫黄はもともとコンクリートに含まれている上，さらに硫酸還元菌による石こうの還元によってつくられ，その量が増加する．これらの元素硫黄は，硫黄酸化菌によって酸化され，強酸性の硫酸となり，コンクリートの劣化を一層促進する．汚物の分解から生ずるアンモニアも，微生物酸化によって硝酸となり，コンクリート劣化促進因子となる．

6.3.3 木材，プラスチック

　木材の骨格をつくるリグニン，セルロースの分解はそれぞれ異なる菌類グループによって営まれる．リグニン，セルロースが同時に分解をうけることは，あまりない．リグニン分解菌が活動しはじめると，セルロースが残り，木材は白色となる．白腐れと呼ばれる現象である．逆にセルロース分解菌活動しはじめると，リグニンが残り褐色となる（赤腐れ）．

　以上とは別に，セルロース分解力の弱い菌類が活動しはじめる場合がある．この場合は，木材に軽微な腐れしか起こさない．この現象を軟腐（soft rot）という．

　プラスチック材の多くは，糸状菌などによって劣化するが，分解はされず，

自然環境での残存蓄積が大きな社会問題となっている．近年，**ポリ乳酸**などの微生物分解可能な製品（生分解性ポリマー）の開発が進められている．

6.4 野外文化財の微生物劣化

われわれは，先人たちから多くの物質的文化遺産を受け継いでおり，これを保存し，つぎの時代に渡していく責務がある．一方，地表の文化財はもちろん，地中に埋没している文化財も，土の微生物の作用を受け，あるいは緩やかに，あるいは急速に劣化している．

6.4.1 地表文化財と微生物

野外文化財は空気伝播により，土の各種微生物に汚染され，その活動で劣化する．この劣化は，気候条件とくに湿度，降雨の酸性度，光，大気の有毒ガス汚染の程度などによって影響を受ける．

石材，煉瓦，漆喰などで造られた建造物，記念碑などは，藻類，地衣，こけ（微生物ではないが）が繁茂し，時には共生微生物の遷移もみられ，劣化がすすんでいる．

アンコール・ワット遺跡の石材群の劣化は，コウモリの排泄物を栄養にして増殖した硫黄酸化菌が石材中の硫黄を酸化し硫酸を生成するためだとされている．片山ら（2005）によると，清掃によりコウモリの排泄物などの汚物がのぞかれた部分では，硫黄酸化菌は激減している．また，清掃のすすんでいない石材群から硫黄酸化菌のほかに，硫黄酸化能をもつ真菌が発見されている．フランス，ラスコーの洞窟にある旧石器時代絵画は，埋もれていた洞窟を開放した直後，シアノバクテリアによって劣化がすすんだという．

木材建築物も，微生物による劣化をうける．とくに，糸状菌をはじめとする菌類が，木材上に繁茂し，細菌と協同して，劣化を促進する．

6.4.2 地中埋蔵文化財の微生物による劣化，腐朽

埋蔵文化財の微生物劣化は，土の通気性，水分条件，土の有機物含量，pH，硝酸イオンや硫酸イオンの量などによって大きく影響を受ける．また発掘後

（古墳では外気に開放後）の微生物群集の変動による劣化の加速が深刻になる．とくに埋蔵中嫌気的な条件が保たれている場合が多く，発掘による好気的条件への移行によって，物理的，化学的，微生物的諸変化が重なりあって起こる．そのため，発掘物の急激な劣化が進行する可能性がある．

　こうした劣化を防ぐ，または避ける方法の解明は急務である．

7. 地球環境からみた土の微生物

7.1 大気の温室効果ガスと土の微生物の働き

　地球の誕生以来，大気の組成は大きく変化してきた．大気組成変化にあたえた微生物の影響は大きい．もっとも顕著な影響として，①光合成微生物の出現による大気酸素ガス（O_2）濃度の増大と②微生物活動による**温室効果ガス**（green house effect gas）の蓄積であろう．

　温室効果ガスには，**二酸化炭素**（CO_2），**メタン**（CH_4），**亜酸化窒素**（N_2O）などが含まれる．これらのガスは，地表から放射される赤外線エネルギーを吸収し，熱として維持する温室効果を示す．産業革命後の石炭，石油，天然ガスなどの地下資源の消費の増大にともない，温室効果ガス濃度が急速に高まり（表5），**地球温暖化**（global warming）の大きな原因となった．以下，土の微生物による温室効果ガスの発生・消費を考察する．

7.1.1 土の微生物による二酸化炭素とメタンの生産と消費
1）CO_2 固定と放出

　大気中の CO_2 濃度は，呼吸や非生物的な要因（火山活動など）による「インプット」と，水への溶解，カルシウムイオンとの沈殿形成，光合成生物による同化などによる「アウトプット」のバランスによって，その濃度が維持されてきた．しかしながら，産業革命以降は大気中の CO_2 濃度が上昇しており，1996～2005年の間では1年に約2.0 ppm ずつ増えつつある．これは，化石燃料の消費量の増大によって地下に眠っていた炭素が CO_2 として大気中に放出されていること（5.5 Gt／年：1 Gtは10億トン）が原因とされている．

　一方，微生物が呼吸によって大気に放

表5　温室ガスの増大傾向

ガス	産業革命当時	2000年
CO_2	280 ppmv*	360 ppmv
CH_4	0.8 ppmv	1.7 ppmv
N_2O	288 ppbv**	313 ppbv

* vは容積比を，ppmは1,000,000分の1を意味する．
** bは1,000,000,000分の1を意味する．

出するCO_2は約57 Gt／年で，その変動は大気のCO_2濃度のバランスに大きく影響する．CO_2濃度の上昇そのものが，直接土の微生物の活性・群集構造・バイオマス量に及ぼす影響については未だに議論の段階にある．一方，温度上昇によっても微生物は活発化し呼吸量を増やす．そのためCO_2の放出量が増加することも懸念される．温帯地域のイギリスでは，最近25年間（1978～2003）で膨大な量の有機炭素（1年あたり炭素含有量の2％）が土から失われたという（P. H. Bellamyら，2005）．この炭素消失が近年の温暖化によるものかどうかは明らかではないが，失われた炭素のほとんどがCO_2として大気に放出されたことが示唆されている．また，寒帯や亜寒帯においても，泥炭やツンドラなどに含まれる有機炭素が，気温上昇に伴う微生物の急激な活発化により，CO_2として大気に放出される可能性が指摘されている（E. A. Davidson and I. A. Janssens, 2004）．一方，CO_2濃度の上昇により植物生長が促され，CO_2固定量が増えることも予測されている．微生物，植物の活動の総和として，大気全体のCO_2濃度にどんな影響があるのか，解明が待たれる．

2）CH_4生成と酸化

大気のメタン濃度は，毎年約1.0％の割合で増え続けている．地球上におけるメタン生成の約半分は，水田，湿地，家畜の反芻胃，シロアリ腸管などの嫌気的環境に住むメタン生成菌の生産によるものと推定される（表6）．F. Kepplerら（2006）は植物からもメタンが放出され，その量は地球全体のメタン生成量の10～30％と推定し，その生成経路は未解明だとした．イネについては以前から根圏で生成されるメタンの多くがイネ根から葉鞘をへて大気に放出されることが知られている（図55）．

一方，自然環境にはメタンを酸化し栄養として消費する菌（メタノトローフ）が存在し，大気メタン濃度を減少させている．メタノトローフは有酸素条件，或いはNO_3^-またはSO_4^{2-}の存在する無酸素条件で，メタンを酸化し，エネルギー源・炭素源として利用する（5.1.3参照）．

水田のメタン生成菌は，水稲根の分泌物やその他の有機物の微生物分解産物を利用してメタンを生成する．メタン生成菌の多くは酢酸からメタンを生

成する．一方，硫酸還元菌もまた酢酸を利用して硫酸を還元する．そこで水田ではメタン生成菌と硫酸還元菌の間で酢酸の奪い合いが起こる．

また水田で生成されたメタンの10～30％は，酸化層でメタン酸化菌によって酸化され，残りは水とともに下層に流出，または大気に揮散するという．その際水稲根に入り葉に移動し揮散する量が大きいとされる（図55）．

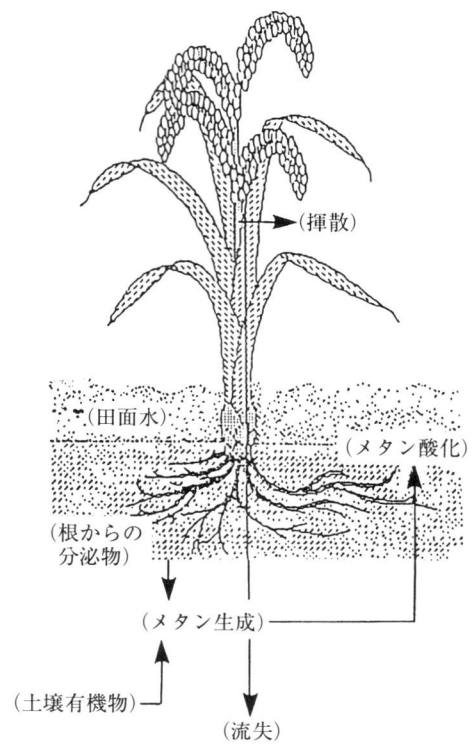

図55 水田におけるメタンの形成
水稲根からの分泌物と土の有機物が各種土壌微生物により分解され，その生産物を基質としてメタンがつくられる．メタンは，一部水とともに下層に流失したり，酸化層でメタン酸化菌により酸化されたりする．残りは大気に揮散するが，その際水稲根を通しての揮散が大きい．

7.1.2 微生物による窒素含有ガスの吸収と放出

1) 窒素ガス

地球全体で1年当たり約2〜3 Gtの大気窒素が固定される．このうち約0.05 Gtが落雷に起因し，工業的な窒素固定は約0.8 Gtである．一方，微生物が営む窒素固定の量は，年間約1.2〜2.2 Gtにものぼると推定される．

2) 亜酸化窒素

N_2O は，大気濃度はメタンより低いが，分子当たりの温室効果はより大きく，軽視できない．N_2O は対流圏では安定であるが，成層圏では原子状酸素との反応や紫外線の働きで一酸化窒素（NO）に変化する．NOは成層圏中にあるオゾン層に拡散し，オゾンと反応し NO_2 となる．その結果，オゾン層の破壊が起こる．つまり，N_2O には自身の温室効果とオゾン層破壊効果の2つの効果がある．

N_2O は無生物的にも発生するが，大部分は微生物活動によるとされる．硝化菌および脱窒菌の双方が，N_2O を発生する．農耕地での N_2O 発生の多くは硝化菌によると考えられる．一方，森林も大量の N_2O を発生するが，硝化と脱窒のどちらの働きが大きいのか，まだ解明されていない．

表6　大気メタンの発生源と吸収源の推定（IPCC, 1992）

発生源または吸収源	発生または吸収量（Tg*/年）
発生	
湿地	100-200
シロアリ	10- 50
海洋	5- 10
陸水	1- 25
石炭・石油・天然ガス	70-120
水田	20-150
反芻動物	65-100
家畜排泄物	20- 30
廃棄物埋め立て	20- 70
バイオマス・燃焼	20- 80
吸収	
大気の反応	420-520
土	15- 45

*$Tg = 10^{12}$ g

コラム16　光による有機物の分解

5.1.1で，植物から土に供給される有機物は主に微生物によって分解されると述べた．しかし，乾燥・半乾燥地帯では，主に光によって非生物的に植物体の有機物が分解されるという（A. T. Austin and L. Vivanco, 2006）．現在，陸上の約4割は乾燥・半乾燥地帯に分類されており，地球全体の有機物分解・CO_2 発生などを考慮する上で，この光分解は重要な意味をもつ可能性がある．

コラム17　紫外線 UV-B と土の微生物活動

　地球の温暖化とともに，上空オゾン層の減少または破壊が注目されている．上空のオゾンの減少によって，地球表面に到着する太陽輻射光，とくに波長域が 280～315 nm にある UV-B の増大が微生物活動につぎのような影響があるという（R. G. Zepp ら，2003）．
　炭素サイクル：UV-B の増大は植物の代謝に影響し，その結果オークの木では葉の窒素含量の増加，C/N 比や炭素／リグニン比の増加などが起こり，落葉の分解もやや促進する．他の樹木では逆に落葉分解の抑制傾向が起こることもあるらしい．これらの効果は，植物の種目によって，また立地によっても異なってくるらしい．さらに UV-B の増大は落葉表面の糸状菌や小動物にも影響を与えるという．
　窒素サイクル：UV-B はシアノバクテリアや根粒菌による窒素固定を減少させる．極地に繁茂する地衣による窒素固定は，UV-B によって著しく抑制される．樹木が菌根により土から窒素などを吸収する能力をも，UV-B が抑える傾向があるという．

コラム18　NOと動物，植物および微生物

　NO は，大気汚染物質のひとつであり，主に石油の燃焼によって発生する．微生物も NO を生産する．NO は，硝化反応や脱窒反応に伴って，あるいはグラム陽性菌の酸化的脱アミノ反応の産物として生産される（5.2，参照）．畑の土での NO の主な発生源は硝化反応である．
　一方，動物細胞中で生成する NO は，シグナル伝達物質としての機能を果たしている．近年，植物でも NO が生産され，植物の病原菌に対する全身抵抗性を誘導するなどの，シグナル物質としての機能が示唆されている．また，硝化活性が高い土では植物病が抑制される．硝化反応で生じる NO が，植物に全身抵抗性を誘導するとも考えられる（M. F. Cohen, 2006）．いずれにせよ，土の微生物が生産する NO は，多くの生物に影響をあたえているらしい．

7.2　酸性雨と土の微生物

　工場からの排煙，自動車の排気ガスなどによって大量の硫黄酸化物，窒素酸化物など，強酸性の物質が大気中に放出されている．これらの放出物は雨，霧，雪などに溶けこんで**酸性雨**（acid rain）となるか，または強酸性の大気塵として地上に降下する．一般に酸性雨の方に関心が向けられやすいが，酸性降下物の方がはるかに大量である可能性がある．いずれにせよ，地上に降り注ぐ強酸性物質の総量が，土に対して影響をあたえることになる．

　土の微生物にあたえる酸性雨，酸性降下物の影響には，3つの側面が考え

られる．すなわち，(1) 酸性の雨が微生物の生活・活動に直接あたえる影響，(2) 酸性水が土を化学的に変化させ，その結果が微生物にあたえる影響，そして (3) 酸性雨および酸性降下物の成分物質，とくに硫黄化合物，窒素化合物が微生物の栄養物として利用される影響である．(1) の直接作用については，2.2.3を参照されたい．以下 (2), (3) について述べる．

7.2.1 土の緩衝作用と酸性雨

酸性の雨が土にであうと，土の成分との間にいろいろな中和反応が起き，酸性度がある程度やわらぐ傾向がある．これを土の緩衝作用（buffering）という．

酸性雨がまず HCO_3^- イオンと反応する．すなわち，

$$H^+ + HCO_3^- \rightarrow H_2CO_3$$

という反応がおきる．H_2CO_3 が多くなると，H_2O と CO_2 に分解し，上の反応がさらに進行するように働く．この反応により，酸性雨の H^+ イオンは一部消え，酸性度がやわらげられる．すなわち緩衝が起こる．しかし酸性雨の量がさらに増加すれば，土の水のpHは下がる．pHが6.0以下になれば，上の反応による緩衝能は消え，水のpHは急激に下がる．

pH6～4に下がると粘土や腐植に結合している Na^+，K^+，NH_4^+，Ca^{2+}，Mg^{2+} などのカチオンと酸性雨の H^+ イオンとが交換反応を起こす．その結果，植物や微生物の栄養となるこれらの貴重なカチオンの溶脱が起こる．カチオンの溶脱が終わると，酸性雨によって土のpHはさらに下り，次はアルミニウムや鉄などの土構成元素の溶脱が起きるようになる．この溶脱で生ずる Al^{3+} イオンは，微生物や植物に対して毒性を示す．

土の微生物環境は酸性雨によって，以上のように段階的に変化していく．

7.2.2 酸性雨に対する微生物群集の反応

微生物には多様な環境適応力があり，酸性雨の場合も微生物群集にあたえる影響を検出することは容易でない．また土の種類や植生の違いによる結果のばらつきも予想される．したがって，短期の人工酸性雨実験からだけで

は，明確な結論が得にくい．概していえば，細菌は糸状菌にくらべ影響を受けやすい．また菌根では，外生菌根は内生菌根よりも，はるかに影響を受け衰退しやすい．地衣もまた，酸性雨によって衰退しやすい．

微生物による物質変化では，酸性雨によって相対的に影響を受けやすいものと影響のあまりないものとが認められる．たとえば D. D. Myrold（1994）によれば，窒素の無機化は影響を受けにくいが，硝化は酸性雨によって低下する傾向が大きい．この傾向を論じ，無機化は多種類の細菌，糸状菌によって営まれるが，硝化は限られた微生物グループが営むため，この違いが生ずると推定している．

しかし他方，酸性雨により土の酸性化がすすむにつれ，土の微生物群集が酸性条件に適応していく可能性もある．図56はこの考えを支持している（Parkin ら，1985）．

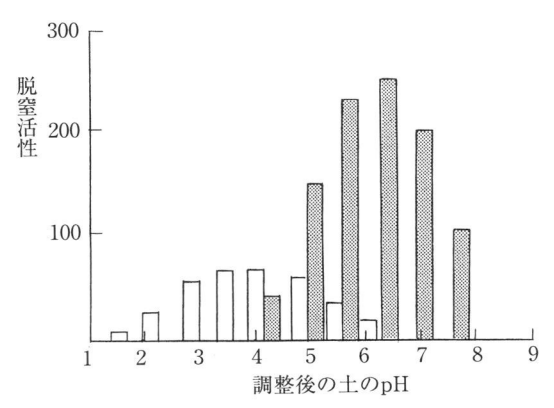

図56 脱窒菌の活性と pH

酸性土を用いた．白柱は，そのままの土を，種々のpH条件下で脱窒活性を測定した．黒柱は，あらかじめ石灰で中和しておいた土を用い，同上の測定を行った．活性は ng-N/g-soil/h である．Parkin ら，1985のデータを基礎にした．

7.3 高濃度の窒素，リン肥料による土の微生物活動への影響と環境汚染

7.3.1 土壌病害の多発

　窒素，リン肥料や有機物の施用量が増大した野菜栽培では，植物病も多発化している．大量の施肥と植物病との間にどんな関係が考えられるのか．土では普通，窒素やリン，易分解性有機物などの栄養物が欠乏傾向にあり，微生物の多くは飢餓，または休止状態，または緩やかな活動状態にあり，これを基礎に微生物間のバランスを作り出していると推定される．このような土に，窒素やリン，有機物などを多量に施すと，特定の微生物群，とくに糸状菌の活動が刺激され，活発化する．糸状菌のなかには植物寄生性のものが多く含まれ，植物根に侵入したりして，植物生育に負の影響をあたえる可能性が生ずる．一方，豊富な栄養を吸収した植物根では代謝物が過多になり，分泌物の量も多くなる．ここでも寄生性糸状菌の過繁茂や根への侵入を招く可

コラム 19　ハウスでの亜硝酸ガス障害

　1962年2月ごろから，高知県南国市周辺のハウス内の野菜が一夜にして枯れるという事態が起きた．当時のハウス野菜栽培では，窒素施用量がことのほか多く，それが原因であった．そのメカニズムは以下の通りである．

　土に施肥した尿素は，微生物により分解されてNH_4^+が生じる．大量の施肥によって，土のNH_4^+は高濃度となり，土をアルカリ化する．NH_4^+は硝化菌（アンモニア酸化菌＋亜硝酸酸化菌）によって酸化されるが，アルカリ条件では，亜硝酸酸化菌の活性が阻害される．そのため土にNO_2^-が蓄積し，逆に土のpHを若干低下させ，亜硝酸酸化活性を復活させる．そこでNO_2^-のNO_3^-への酸化がすすむ．NO_3^-の生成によって土のpHはさらに低下し，pH 5付近となる．この低pHでは硝化活性全体が抑えられるが，とくに亜硝酸酸化活性の低下が著しい．そのため，再びNO_2^-が蓄積する．酸性条件下ではNO_2^-は無生物的にNOガスに分解され大気に放出されることになる．この放出されたNOが，ハウスという密閉された空間の中でさらに酸化されてNO_2ガスとなり，人間や栽培植物に甚大な生育障害を引き起こしたのである．

　この亜硝酸ガス障害のメカニズムの研究は，稲作における秋落ち現象（5.3.2参照）の解明と並んで，肥料成分が間接的に引き起こす植物生育障害と土壌微生物の関わりを明快に示した代表例といえる．

能性が生まれる．

7.3.2 植物根-菌根菌共生系の抑制

多くの植物は根単独で必要な栄養を吸収することは困難で，根に共生する菌根菌の働きに大きく依存している（4.4参照）．こうした植物根-菌根菌共生（菌根）の活動は，栄養飢餓条件下で活発である．しかし，窒素，リン，カリウムの施用によって著しく抑制される傾向がある．

7.3.3 生物的窒素固定の抑制

施肥によって土の窒素量が増大すると，微生物による窒素固定活性は大きく抑制されることは，多くの研究によって確かめられている．

7.3.4 土のメタン酸化活性の抑制と促進

メタン酸化菌はメタンモノオキシゲナーゼによってメタンを酸化するが，この酵素活性は，アンモニア過剰存在下で抑制される．また森林土壌ではアンモニア存在下でメタン酸化活性が抑制される．他方，水田土壌ではアンモニアを施肥すると，逆にメタン酸化菌の増殖とメタン酸化活性が促進するという報告がある（P. L. E. Bodelier ら，2000）．

7.3.5 硝酸態窒素による地下水・河川水の汚染

正電荷の NH_4^+ イオンは土の粘土鉱物や腐植物質の負電荷サイトと結合し，土に保持される．一方，NO_3^- イオンは水に溶けたまま，地下に浸透したり，河川に流出したりして，地下水または河川の硝酸汚染を引き起こすことになる．そのため，野菜，茶，果樹等の農耕地では，窒素施肥量の適正化が重要な課題となっている．

7.4 森林伐採・開墾や森林火災が土の微生物群集へ及ぼす影響

　森林は長い年月をかけて多様な植物，動物，微生物が形成してきた生態系である．近年森林の広大な部分が火災により一時的に消失したり，伐採や焼きはらいにより農地に転用されたりしている．こうした変化は土の微生物群集にどのような影響をあたえているのかまだ部分的にしか解明されていない．

7.4.1　糸状菌

　森林では，糸状菌はじめ各種の菌類が樹木との共生や，枯死樹木の腐朽で大きな役割を演じているが，火災や伐採により樹木とともに多くの菌類も死滅もしくは衰退する．火災の後，樹木が再生しても，菌類は菌根菌などの糸状菌を含む回復はさらに遅れ，再生樹木の生育にも悪影響が残るという．また，伐採により，糸状菌バイオマスはかなり深い部分まで（表層からB層まで），減少する傾向がある（図57）．また表層有機物層の糸状菌の種類組成は，著しく変化する．

7.4.2　細菌

　火災や伐採により細菌もまた影響を受けるが，発酵型を中心とした細菌の復活は糸状菌より早い．しかし復活してくる細菌群集の構成は，かなり違ったものである．J. Bornemanら（1997）は，ブラジルのアマゾン地域での森林で伐採前と伐採後16年間草地利用してきたフィールド，この2つの土からそれぞれDNAを抽出し，分子生物学的に両者の細菌群集に以下の違いを認めた．(1) 検出された細菌種のうち未知の系統に属するものは森林土の方が草地より多い．(2) clostridiaに属する菌は草地では検出されないが，森林土ではかなり多い（18%）．(3) 逆に*Bacillus*に属する菌は草地で森林土の4倍以上であった．(4) グラム陽性高GC含量グループは，草地土でのみ認められた．
　北方森林では，森林消失の細菌群集への影響は表層の有機物層よりも下層

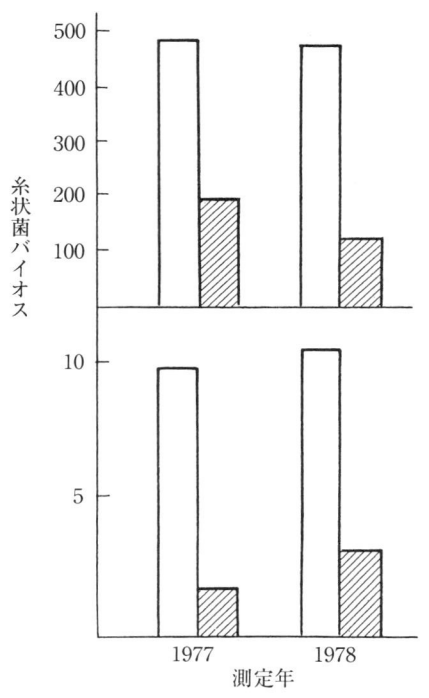

図57 森林伐採による糸状菌の減少
スウェーデン針葉樹林で一部を1976年に伐採した．図は1または2年後の糸状菌量（mg/dry weight‐soil）を伐採土（斜線柱）とコントロール土（白柱）とで比較した．上図は表層，下図は下層（B層）の結果．（Baath, 1980のデータ）

の無機物層（A層）の方で激しいという．一方，熱帯林では，伐採により有機物量，バイオマス，ともに著しく減少する．

7.4.3 窒素サイクルへの影響

窒素のサイクルが，森林伐採によって大きな影響を受けることは，20世紀前半以来注目されてきた．一般的傾向はつぎのようである．伐採後，まず残木や折れ枝，朽ち葉などの有機物分解と有機窒素の無機化が進行する．C/N比ははじめ100以上であるが，分解がすすむにつれ低下する．C/Nが微生物

菌体の値（約10）に近づくと，アンモニアの放出も起こる．つづいて硝化菌によるアンモニア酸化も起こる．こうして硝化が一時的に高まるが，やがてアンモニアが減少し硝化も低下するとされる．また，硝化によって窒素成分の流亡が起こる．

森林火災では，火災時の高温により土表面のアンモニア成分が揮発したり，下層へ移動したりする．しかし，窒素サイクルに関与する微生物への顕著な影響は認められていない．

7.4.4 開墾畑における森林由来の植物病原菌

森林には，いろいろな植物に寄生する多様な糸状菌や細菌がすんでいる．これらの微生物の一部は，開墾後の畑に栽培される作物に猛威をふるう病原菌となるものがある．三野（1967）によれば，札幌郊外の開墾地の馬鈴薯で多発した黒あざ病は，糸状菌 *Rhizoctonia solani* を病原菌とするが，同種または近縁の糸状菌は伐採前の原生林にも多数存在していた．恐らく伐採後，馬鈴薯に対する寄生性，病原性を高め，黒あざ病を多発させたのであろう．熱帯地のバナナ萎縮病の病原菌は細菌 *Pseudomonas solanacearum*（*Ralstonia solanacearum*）であるが，この菌もバナナ畑となる前の熱帯林の樹木に寄生していたと考えられる．

7.5 地球史の中の土の微生物

7.5.1 大陸地殻の形成と変遷

土は地球表面に浮かぶ大陸地殻の最表面を覆っている．約45億5000万年前，灼熱の天体であった原始地球が冷却し，マントル上に原始海洋と大陸地殻が形成されはじめたのは，一説によると38億年ほど前のことである．その後，マントルへの沈み込みに伴う大陸消失，プルームによる大陸形成が起こり，さらにプレート運動による大陸は分裂と衝突で離合集散をくり返したという．図58には，現在の大陸に残る太古代の地層の分布が示されている．

19億年前には今日の大陸全体の表面積に近い超大陸が出現したらしい．この超大陸の盛衰についても詳しいことはわからないが，5億5000万年前こ

(118) 7. 地球環境からみた土の微生物

図 58 太古代地層の分布 （作図：掛川　武氏）[18]

ろには，超大陸ゴンドワナが出現し，変形をくり返しながら三億年前ころまでには超大陸パンゲアとなったという．やがてパンゲアに分裂が起こり，その後の離合によって約1000万年前には今日の五大陸の配置がほぼでき上がったらしい．

　現存の日本列島に残る最古（約4億年前）の岩石は，飛騨地方，北上山地，高知などに見られる．また秋吉台には，約2億6000万年前の岩石がある．しかし，これらの岩石はもともとその場所にあったのではなく，それぞれ熱帯地域のどこかから北上したものらしい．五大陸の原形がととのった1000万年前ころには，太平洋と日本海に挟まれた日本列島の骨格が形成された．しかし当時は海面が高く，日本列島の骨格の大部分は海面下であったという．第四紀（the Quaternary）と呼ばれる地質時代がはじまる約200万年前以後，日本列島のあちこちで山脈が隆起し，今日の多くの山々が姿をあらわした．

18）35億年以上も前にでき，現在まであまり変化のない地域をクラトン（craton）という．地図中のカタカナ語は地名に相当する造語．

その後，氷河期が何度も訪れ，そのたびに海水面が100メートル前後低下し，日本列島の姿が海上にあらわれ，大陸とも陸つづきとなった．氷河時代が去るにつれ，海水面がふたたび上昇し，大陸との間に海峡ができ，今日みられる山野の姿になった．

7.5.2 微生物の進化と大地

微生物がいつ出現したか，確実なことはわかっていない．一説によると約37億年前だと推定される．原始大気には酸素がほとんどなく，生命誕生後10億年以上もの間微生物は嫌気的な細菌のみだったと思われる．陸上には太陽からの現在以上に強い紫外線の照射があり，嫌気的光合成菌，メタン生成菌，硫酸還元菌などがすみえたとしても，強い紫外線を避け，岩石の影に

表7 地球史と土の微生物

時代区分	現在からの概算年 (x 百万年前)	主な出来事
太古代	4,550	地球の誕生
	3,800	陸圏の形成
始生代	3,600	生命の発生，その後早い時期に嫌気的なメタン生成菌，嫌気的光合成菌など出現
	3,000	O_2発生微生物の出現
	2,600	陸上堆積物化石に微生物活動の跡
	2,000	真核微生物の誕生
	1,000以前	菌類，藻類の上陸，地衣の形成
	700	好気性菌の多様化
古生代	550	ゴンドワナ大陸の形成
（デボン紀）	400以前	植物の上陸，菌根の痕跡，土壌動物の化石
（デボン紀）	360	ゴンドワナ大陸海岸地帯に巨木林が出現，次第に内部低地，沼地に広がる
（二畳紀）	215	多様な昆虫の出現，土の形成促進
中生代		
（三畳紀）	180	植物の多様化
（白亜紀）	130	ゴンドワナ大陸が分裂，現在の諸大陸の原形が形成される．種子植物の出現，土の深化，ミミズの活動によるムル土の形成
新生代	60	マメ科植物の出現，草原がひろがる
（第三紀）	5	人類の出現
（第四紀）	1	農耕はじまる
	0.02	産業革命，温室効果ガスの増大はじまる

バイオフィルムをつくって，パッチ状に分布しながら生きのびたと想像される．

　水を分解して酸素分子を放出する光合成菌が現れたのは，約30億年前と推定される．27億年前には限られた地域ではあったが，酸素分子を利用する鉄酸化菌が活動し，そこに赤褐色の酸化鉄の集積地層を形成した．大気酸素濃度の高まりとともに，いろいろな好気性菌が出現し活動するようになったと思われる．膨張する微生物生態系の窒素栄養の補給強化が必要となり窒素固定を営む微生物が現れた．また，20億年ぐらい前には真核生物が生まれ，菌類，原生動物，植物，動物へと進化したらしい．

　大気酸素濃度が高まり上層にオゾン層が形成されると，太陽からの紫外線が遮蔽され，微生物たちは陸上でも次第に活動するようになった．26億年前の陸上堆積物化石に微生物の分泌したキレート化合物によって鉱物の金属成分が溶脱を受けた形跡の報告がある．しかし微生物活動の活発化は，恐らく陸上全体ではなく，局部的にはじまったのであろう．陸上に棲んだ微生物の化石として，12億年前のものが知られているが，それ以前のものは知られていない．一方，分子生物学的な研究からは，10億年よりもかなり以前に，細菌はじめ菌類，藻類が陸上で多様化を進めたと推定される．菌類と藻類の共生体である地衣（lichens），さらにはコケも現れ陸上に群生したことであろう．藻類や地衣，コケなどによる光合成微生物の働きにより，陸上の有機物の量が増大し，彼らが分泌する地衣酸はじめ様々な有機酸によって，岩石風化が促進し，原始土壌がつくられ原始陸上生態系を形成し，植物の上陸の条件がつくられていったと思われる．

7.5.3　生態系の進化と土の微生物

　陸上植物のもっとも古い化石は約4億数千年前のものであるが，分子生物学的には植物の上陸は約7億年前だとされる．前後して動物も上陸した．植物も動物も，まず海岸近くに定着し多様化していったらしい．当時の地表は微生物活動の結果，原始土壌の形成がはじまっていたとはいえ，まだ岩石風化物が主体で，植物が根を下ろすにはそれほど適していなかったと思われ

る．上陸間もない頃の植物化石に，アーバスキュラー菌根の痕跡らしきものがある．栄養の乏しい陸への植物の進出はこうした共生に支えられたのかもしれない．一方，植物や動物の登場によって陸上には生物遺体や排泄物の局所的集積ができ，その解体，分解に関与する微生物，土壌動物の集団が活動するようになる．化石からはかなり多様な土壌動物がみられ，彼らも土の形成に関与したと推定される．

約3億6千年前にはじまる石炭期と呼ばれる地質時代になると，陸上植物は超大陸ゴンドワナ内部の沼地や低地にも進出し，繁茂，巨木化した．植物根も次第に発達したが激しい風雨などに十分耐えられなかった．倒伏した大量の樹木は分解が遅く，多くは地下に埋蔵され，石炭や石油などの地下資源の原材料となった．約1億3千万年前から白亜期と呼ばれる時代となる．超大陸ゴンドワナは分裂し，南極大陸，オーストラリア大陸を近くに残し，アフリカ大陸，北アメリカ大陸，南アメリカ大陸，そしてやがて合体してアジア大陸となる諸大陸をプレートに載せて南半球，北半球にと再配置していく時代である．この時代になると，種子植物が現れ，大陸の奥まで繁茂し，より深い土が形成されるようになったと思われる．J. F-. Ponge (2003) によれば，初期の土の表面にあった土壌有機物はモル型のみであったが，白亜期になるとミミズなどの活動と呼応して地下に分散するムル型も現れはじめたという．約6千年前にはじまる地質時代，第三紀にはいると草原がひろがり，陸上の広い部分で土が形成されるようになった．この頃マメ科植物が現れ，多様な根粒菌がうまれるようになった．

7.5.4 人間の活動と土の微生物

人間が出現し集団生活を営み，食物の採取や狩猟を行った結果，生物遺体廃棄物や排泄物が集積され，その分解に関係する微生物，小動物の活動が盛んになった．また，森林が伐採され農耕がはじまった．農耕地では森林とは違う微生物たちの活動が優勢となる．森林では，菌根菌をはじめとした樹木と密着して生活する菌類の活動が盛んであったが，農耕地ではかれらの活動は衰退する．農耕地になっても生残する菌類の間には動植物に病原性をもつ

傾向が広がると想像される．そのため作物や家畜の発病もより頻繁になり，病原菌は病原性を次第に強めていくと考えられる．とくに，同じ農地に同じ作物を連続して栽培する場合，作物病は深刻となる．「人間は病気をつくった（Man made disease）」といわれるのは，この事情を意味する．

　人間が土の微生物にあたえるより深刻な影響は，18世紀の産業革命にはじまった．すでに19世紀には工場からの排煙により周辺にすむ地衣の種類が激減するのが観測されている．20世紀にはいると，化学肥料の大量生産がはじまり，土が富栄養化し，微生物活動の異常な高まりがはじまった．つづいて重金属による土壌汚染，大量の農薬使用，各種温室効果ガスの放出などが進行するようになった．21世紀に入って，事態は一段と深刻になっている．

索　引

あ

アーキー……………………………… 2, 8
アーバスキュラー菌根………… 59, 121
Riプラスミド………………………… 64
赤腐れ…………………………… 10, 103
秋落ち………………………………… 89
亜酸化窒素………… 81, 84, 106, 109
亜硝酸酸化菌………………… 83, 113
アナモックス反応…………………… 85
アメーバー…………………………… 11
アンモニア化成……………… 87, 116
アンモニア酸化菌…………… 83, 113
アンモニア発酵……………………… 85

い

硫黄酸化菌…… 4, 87, 93, 103, 104
イオン交換………………… 35, 98, 111
イオン層……………………………… 36
異化…………………………………… 15
異化型硝酸還元……………………… 84
生きているが培養できない
（VBNC）細胞……………………… 28

う

ウイルス………………… 13, 96, 98

え

栄養共生……………………………… 77
栄養物………………………………… 15
エリコイド菌根……………………… 62
エンドファイト………………… 56, 63

お

オルガネラ…………………………… 2
温室効果ガス………………………106

か

外生菌根……………………… 61, 112
外生胞子……………………………… 31
解糖系………………………………… 76
化学合成菌…………………………… 16
化学合成無機独立栄養菌…………… 4
加水分解酵素………………………… 73
カタボライト抑制…………………… 73
褐色腐朽菌…………………………… 73
環境DNA………………… 3, 6, 7, 8
環流装置……………………………… 27

き

飢餓細胞……………………………… 31
基質…………………………………… 73
希釈肉汁（DNB）…………………… 27
寄生…………………… 13, 16, 45, 49, 66
寄生菌………………………… 17, 66
キノコ………………………………… 9
揮発性有機硫黄化合物……………… 89
共生…………………… 16, 55, 63, 77
共生窒素固定………………………… 56
共脱窒………………………………… 85
協調的窒素固定……………………… 56
菌根，菌根菌………… 59, 114, 121
菌糸…………………………… 5, 9, 18

菌糸体···9
金属腐食···100
菌類···9, 10, 13

く

クエン酸回路···74
クォーラム・センシング·····················30
グラム陰性菌···4
グラム陽性菌····································5, 6
クレンアーキオータ·····························8
クローン··21, 23
クラトン··118

け

系統···3
系統学···1
系統発生学···1
系統分類··1, 13
結合水···37
原核生物···2
嫌気的呼吸···75
嫌気性菌··························25, 75, 119
嫌気的アンモニア酸化（anammox）
···85
嫌気的メタン酸化·······························77
原生動物··························2, 11, 41, 45

こ

好アルカリ性菌···································26
高栄養菌··21, 24
好気的呼吸···74
好気性菌·····························25, 74, 120
光合成菌·················4, 6, 16, 69, 119
光合成従属栄養菌·······························16

光合成独立栄養菌·······················16, 69
好酸性菌···26
酵素···71, 72
好熱菌···25
鉱物化細胞·································32, 44
酵母···9, 10
厚膜胞子···31
孔隙·························34, 36, 39-42, 98
固体表面···36
コメタボリズム···································15
固有型···46, 47
コリネ型細菌···5
コルアーキオータ·······························8
コロニー形成曲線·······················22, 47
根圏···························30, 51, 79
根面···51
根粒菌·································56, 57, 58

さ

細菌·······················2, 41, 42, 43, 45,
98, 99, 115
細胞性粘菌···11
酢酸生成···76
Sarcodina···11
酸化還元電位·······································26
酸性雨···87, 110

し

シアノバクテリア·································6
紫外線··110
C/N比··116
CO_2固定································69, 106

糸状菌	2, 9, 41, 42, 43, 45, 115
シスト	11, 31
シデロフォア	90
集積培養	27
従属栄養菌	4, 15, 47
集落（コロニー）	19, 33, 47
重力水	37, 38, 98
16S rRNA	2
植物遺体	78, 79
宿主	13, 17
種の多様性	9
純粋培養	16
硝化，硝化菌	4, 48, 83, 101, 109, 112, 113, 117
硝酸呼吸	84
Ciliophora	11
白腐れ	10, 103
真核生物	2, 9, 119
真菌類	9
シルト	34, 40, 99

せ

静止した状態	33
成分曲線	22, 47
セリン経路	77
遷移	79, 104
選択培地	27
洗浄・音波法	42
せん毛虫	11

そ

層位（土壌）	49, 78
走化性	53
藻類	2, 12, 46, 119

た

耐久体	30
多細胞生物	1
脱アミノ化	87
脱窒，脱窒菌	48, 85, 109
多糖	44, 70
単細胞生物	1
担子菌類	10, 49, 61
単生窒素固定菌	82
炭素源	15
団粒モデル	39, 41

ち

地衣，地衣類	58, 119, 120
地下水	99, 114
地下水面	99
地球温暖化	106
地球史	119
窒素源	16
窒素固定，窒素固定菌	6, 16, 55, 82, 109, 110, 114, 120
中温菌	25
超好熱菌	25

つ

通性化学合成独立栄養菌	70
通性嫌気性菌	25
土の静菌作用	30

て

Tiプラスミド	64
TCA回路	74

低栄養菌・・・・・・・・・・・21, 24, 29, 46, 99
低温菌・・・・・・・・・・・・・・・・・・・・・・・・・・ 25
鉄酸化菌・・・・・・・・4, 90, 101, 102, 120
電気防食・・・・・・・・・・・・・・・・・・・・・・・102

と

同化・・・・・・・・・・・・・・・・・・・・・・・・・・・・ 15
同化型硝酸還元・・・・・・・・・・・・・・・・・・ 83
独立栄養菌・・・・・・・・・・・・・・・・・・・15, 47
土壌クラスト・・・・・・・・・・・・・・・・・・・・ 12
土壌鉱物・・・・・・・・・・・・・・・・・・・・・・・・ 34
土壌病害・・・・・・・・・・・・・・・・・・・・66, 113
貪食・・・・・・・・・・・・・・・・・・・・・・・・・・・・ 11

な

内生胞子・・・・・・・・・・・・・・・・・・・・・・5, 31

に

二酸化炭素・・・・・・・・・・・・・・・・・・69, 106
ニトロゲナーゼ・・・・・・・・・・・・・・・・・・ 82

ね

粘液胞子・・・・・・・・・・・・・・・・・・・・・・・・ 31
粘菌・・・・・・・・・・・・・・・・・・・・・・・・・・2, 10
粘土・・・・・・・・34, 35, 40, 98, 99, 111

の

nod 遺伝子・・・・・・・・・・・・・・・・・・・・・・ 56

は

バイオリーチング・・・・・・・・・・・・・・・・ 93
バイオレメディエーション・・・・・・・・・ 92
白色腐朽菌・・・・・・・・・・・・・・・・・・・・・・ 73
端（粘土粒子の）・・・・・・・・・・・・・・・・・ 35
発酵・・・・・・・・・・・・・・・・・・・・・・・・76, 77
発酵型・・・・・・・・・・・・・・・・・・・・・47, 115
半減期・・・・・・・・・・・・・・・・・・・・・・・・・・ 21
半増期・・・・・・・・・・・・・・・・・・・・・・・・・・ 21

ひ

pH-Eh ダイアグラム・・・・・・・・・・・・・ 28
PHB（ポリヒドロキシ酪酸）・・・・・・・・ 31
微好気性菌・・・・・・・・・・・・・・・・・・・・・・ 25
微生物・・・・・・・・・・・・・・・・・・・・・・・・・・・ 1
微生物群集・・・・・・・・44, 79, 111, 115
微生物ループ・・・・・・・・・・・・・・・・・46, 54
非選択培地・・・・・・・・・・・・・・・・・・・・・・ 27
非毛管孔隙・・・・・・・・・・・・・・・・37, 41, 98
ヒューミン・・・・・・・・・・・・・・・・・・・・・・ 75
病原菌・・・・・・・・・・・・・・・17, 66, 95, 97, 117, 122
日和見感染菌・・・・・・・・・・・・・・・・・53, 96

ふ

ファージ・・・・・・・・・・・・・・・・・・・・・・・・ 13
FOR モデル・・・・・・・・・・・・・・・・・・・・・ 21
FOR モデル曲線・・・・・・・21, 22, 23, 47
腐植・・・・・・・・・・・・・・・・・・・・・34, 39, 75
腐植酸・・・・・・・・・・・・・・・・・・・・・・・・・・ 75
腐生菌・・・・・・・・・・・・・・・・・・・17, 67, 79
Frankia・・・・・・・・・・・・・・・・・・・・・56, 58
フルボ酸・・・・・・・・・・・・・・・・・・・・・・・・ 75
プロテオバクテリア・・・・・・・・・・・・・・・ 4
分生子, 分生胞子・・・・・・・・・・・・5, 9, 31

へ

平板, 平板培養・・・・・・・・・・・・・・・・・・ 19
ヘテロシスト・・・・・・・・・・・・・・・・・・・・・ 6
偏性化学合成独立栄養菌・・・・・・・・・・ 70
べん毛虫・・・・・・・・・・・・・・・・・・・・・・・・ 11

ほ

- 放線菌 …………………………… 5
- 捕食 ………………… 11, 17, 42, 45, 54
- ポリ乳酸 ………………………… 104

ま

- マクロ団粒 ……………………… 40
- Mastigophora …………………… 11
- マメ科根粒菌 …………………… 56
- マンガン酸化菌 ………………… 90

み

- ミクロコロニー ………… 23, 42, 44
- ミクロ団粒 ………… 40, 42, 43, 44
- ミニ細胞 ………………… 30, 31, 44
- ミハエリス・メンテン式 ……… 24

む

- 無機合成菌 ………………… 16, 99
- ムシレージ ……………………… 52
- ムル ………………… 78, 80, 119, 121

め

- メタゲノム解析 ………………… 7
- メタン ………………… 68, 106, 114
- メタン酸化菌 ……… 4, 77, 108, 114
- メタン生成菌 ……… 8, 76, 107, 108, 119
- メタノトローフ …………… 4, 77, 107
- 面（粘土粒子の） ……………… 35

も

- 毛管孔隙 ………………… 33, 38
- 毛管水 ……………………… 38
- 毛管力 ……………………… 37, 38
- モル ………………… 78, 80, 121
- 門 ……………………………… 3

や

- 薬剤耐性菌 ……………………… 97

ゆ

- 有機化（不動化） ……………… 85
- 有機合成菌 ……………………… 16
- 誘導酵素 ………………………… 73
- ユリアーキオータ ……………… 8

よ

- 葉圏 ……………………………… 55
- 葉面微生物 ………………… 54, 79

ら

- ラン型菌根 ……………………… 62

り

- リグニン ……………… 10, 73, 79, 103
- リター ……………………… 11, 78
- リブロース・リン酸経路 ……… 77
- リボソームRNA（rRNA） ……… 1
- 硫化ジメチル …………………… 89
- 硫酸還元 …………… 77, 88, 94, 101, 102, 103, 108

る

- ルートマット ……………… 49, 78

れ

- 劣化（微生物による） …… 103, 104

わ

- 矮小細胞 …………………… 30, 44

JCOPY	<（社）出版者著作権管理機構 委託出版物>	
2018	2008年5月8日　第1版第1刷発行 2018年4月10日　第1版第2刷発行	
改訂版 土の微生物学 著者との申 し合せによ り検印省略	著作者	服部　　勉 宮下　清貴 齋藤　明広
ⓒ著作権所有	発行者	株式会社　養賢堂 代表者　及川　清
定価（本体2800円＋税）	印刷者	星野精版印刷株式会社 責任者　入澤誠一郎
発行所	〒113-0033　東京都文京区本郷5丁目30番15号 株式会社　養賢堂　TEL 東京(03) 3814-0911　振替00120 FAX 東京(03) 3812-2615　7-25700 URL http://www.yokendo.com/ ISBN978-4-8425-0436-0　C3061	

PRINTED IN JAPAN　　　　製本所　星野精版印刷株式会社

本書の無断複写は著作権法上での例外を除き禁じられています。
複写される場合は、そのつど事前に、（社）出版者著作権管理機構
（電話 03-3513-6969、FAX 03-3513-6979、e-mail:nfo@jcopy.or.jp）
の許諾を得てください。